"十二五""十三五"国家重点图书出版规划项目

风力发电工程技术丛书

风力发电与并网技术

主　编　潘文霞
副主编　杨建军　孙　帆

中国水利水电出版社
www.waterpub.com.cn
·北京·

内 容 提 要

本书是《风力发电工程技术丛书》之一，系统地介绍了风力发电与并网的相关知识，内容主要包括概述、风力发电机组与风电并网、风电并网技术规范与要求、风电并网对电力系统的影响、海上风力发电、风电并网设计实例。

本书可作为高等院校相关专业的教学参考用书，也可供从事相关专业的从业人员参考借鉴使用。

图书在版编目（CIP）数据

风力发电与并网技术 / 潘文霞主编. -- 北京 : 中国水利水电出版社, 2017.3
（风力发电工程技术丛书）
ISBN 978-7-5170-5507-5

Ⅰ. ①风… Ⅱ. ①潘… Ⅲ. ①风力发电 Ⅳ. ①TM614

中国版本图书馆CIP数据核字(2017)第126893号

书　　名	风力发电工程技术丛书 **风力发电与并网技术** FENGLI FADIAN YU BINGWANG JISHU
作　　者	主编　潘文霞　副主编　杨建军　孙帆
出版发行	中国水利水电出版社 （北京市海淀区玉渊潭南路1号D座　100038） 网址：www.waterpub.com.cn E-mail：sales@waterpub.com.cn 电话：（010）68367658（营销中心）
经　　售	北京科水图书销售中心（零售） 电话：（010）88383994、63202643、68545874 全国各地新华书店和相关出版物销售网点
排　　版	北京万水电子信息有限公司
印　　刷	北京瑞斯通印务发展有限公司
规　　格	184mm×260mm　16开本　9.75印张　231千字
版　　次	2017年3月第1版　2017年3月第1次印刷
定　　价	**48.00**元

凡购买我社图书，如有缺页、倒页、脱页的，本社营销中心负责调换

版权所有・侵权必究

《风力发电工程技术丛书》

编 委 会

顾　　问　陆佑楣　张基尧　李菊根　晏志勇　周厚贵　施鹏飞

主　　任　徐　辉　毕亚雄

副 主 任　汤鑫华　陈星莺　李　靖　陆忠民　吴关叶　李富红

委　　员　（按姓氏笔画排序）

马宏忠　王丰绪　王永虎　申宽育　冯树荣　刘　丰
刘　玮　刘志明　刘作辉　齐志诚　孙　强　孙志禹
李　炜　李　莉　李同春　李承志　李健英　李睿元
杨建设　吴敬凯　张云杰　张燎军　陈　刚　陈　澜
陈党慧　林毅峰　易跃春　周建平　郑　源　赵生校
赵显忠　胡立伟　胡昌支　俞华锋　施　蓓　洪树蒙
祝立群　袁　越　黄春芳　崔新维　彭丹霖　董德兰
游赞培　蔡　新　糜又晚

丛书主编　郑　源　张燎军

丛书总策划　李　莉

主要参编单位　（排名不分先后）

河海大学
中国长江三峡集团公司
中国水利水电出版社
水资源高效利用与工程安全国家工程研究中心
水电水利规划设计总院
水利部水利水电规划设计总院
中国能源建设集团有限公司
上海勘测设计研究院有限公司
中国电建集团华东勘测设计研究院有限公司
中国电建集团西北勘测设计研究院有限公司
中国电建集团中南勘测设计研究院有限公司
中国电建集团北京勘测设计研究院有限公司
中国电建集团昆明勘测设计研究院有限公司
中国电建集团成都勘测设计研究院有限公司
长江勘测规划设计研究院
中水珠江规划勘测设计有限公司
内蒙古电力勘测设计院
新疆金风科技股份有限公司
华锐风电科技股份有限公司
中国水利水电第七工程局有限公司
中国能源建设集团广东省电力设计研究院有限公司
中国能源建设集团安徽省电力设计院有限公司
华北电力大学
同济大学
华南理工大学
中国三峡新能源有限公司
华东海上风电省级高新技术企业研究开发中心
浙江运达风电股份有限公司

前　言

风能作为一种清洁的可再生能源，越来越受到世界各国的重视。我国风能储量大、分布面广、开发利用潜力巨大。21世纪以来我国的风力发电有了飞速发展。2010年全国总发电量4.1413万亿kW·h，其中风电占1.04%。到2011年，我国电力工业在新的起点上实现了又好又快的发展，发电量和电网规模已居世界第一位，风电并网运行规模超4500万kW，居世界第一。2014年我国火电发电量首次出现下降，全国总发电量5.5万亿kW·h，风电1563亿kW·h，占比达2.8%。

风力发电的迅速发展急需大批专业技术人才和相关的参考资料和教材。本书编写旨在较为全面地介绍风力发电和并网技术方面的知识和技术发展，希望能够借此为从事风力发电及关注风力发电的人士提供帮助。

本书由河海大学潘文霞任主编，华东勘测设计研究院杨建军和西北勘测设计研究院孙帆任副主编。本书编写过程中，河海大学全锐、刘明洋、杨刚、柴守江等同学给予了大力支持和帮助。此外，新疆金风科技股份有限公司艾斯卡尔在百忙之中提出了宝贵的修改意见，在此表示特别感谢。

感谢河海大学、华东勘测设计研究院和西北勘测设计研究院的领导及专家对本书编写工作的关心和帮助，同时也感谢本书中引用文献资料及设计成果的作者。

由于作者水平有限，书中难免有错误和不足之处，恳请读者和专家批评指正。

作者

2017年2月

目　录

第1章　概　　述

1.1　风　力　发　电

太阳照射地球表面形成空气对流，产生了风。3000多年前，人们已经学会将风所储存的风能转换成机械能，利用风力来提水、碾米等，但直到100多年前，人们才开始将风能转换为电能，实现风力发电。和其他发电形式相比，风力发电具有以下特点：

(1) 风力发电清洁、可再生。

(2) 风力发电技术成熟，发电成本已具备竞争力。

(3) 风力发电具有明显的间歇性和波动性。

随着人们对环境和化石资源匮乏等问题日益剧增的担忧，世界各国已经将风力发电作为能源安全、环境保护和社会可持续发展的重要内容，经过多年的研究与应用，风力发电技术得到了快速发展。

1.1.1　风力发电机组的组成

风力发电机组主要部件如图1-1所示。

典型风力发电机组以三叶片、水平轴型为主，围绕轮毂安装了叶片。轮毂的轴连接着变速箱和发电机，这两个部件安置在机舱内。通常称轴连接的前端为风力机，后端为发电机。风力发电机组的主要部件与功能如下：

(1) 风轮（轮毂和叶片）。主要功能为捕获风能，将风能转变为机械能。叶片直径是风力机的重要参数，典型的叶片转速为8～30r/min。

(2) 机舱。机舱位于塔架上部，舱内除安置有变速箱和发电机外，还有制动系统、风速和风向监视器、偏航装置等部件。机舱能够使这些重要的部件工作在更好的环境中。

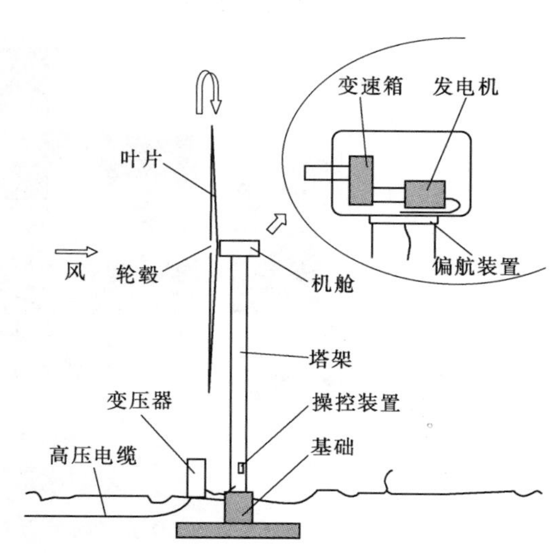

图1-1　风力发电机组主要部件

(3) 变速箱。大部分风力发电机使用变速箱，其功能是加大风力发电机所需的转速。也有一些采用了直接驱动的风力发电机，此时可以不使用变速箱。

(4) 制动系统。制动系统是一个用于在紧急情况下停止叶片转动以及在极高风速或其

他异常情况下确保风力机安全的圆盘。

（5）控制器。用于控制风力机启停、风力机叶片转速和偏航，还有发电机控制的电气元件。

（6）发电机。将机械能转换为电能，目前有多种形式的发电机应用于风力发电。

（7）偏航装置。大部分风力机的偏航装置连接在监视风向的传感器（如风向标）上，转动塔头使叶片迎着主风向。

（8）塔架。塔架的作用是支撑机舱和叶片。发电机发出的电力由塔架内部的电缆传送出来，并通过变压器升压送入电网。

（9）基础。塔架和其上的部件建立在坚实的基础之上。

1.1.2　风力发电机组的容量与发电量

随着风力发电技术的不断进步和风力发电应用范围的不断扩大，风力发电机组的单机容量逐渐增加，风力发电系统也形式多样。

不同容量的风力发电机组适合不同的应用场合。小到家庭、小区供电，大到商业发电基地，风力发电机组单机额定容量从 20 世纪 80 年代初期的 50kW 发展到现在的 10MW 及以上，叶片直径从 15m 发展到现在的 145m 及以上，大约为两架波音 747 飞机的长度。由于风力机捕获风能的大小与叶片的扫掠面积成正比，塔架越高风速越大，如图 1－2 所示，叶片的直径和塔架高度随风力发电机组的容量增加而增大。与此同时，随着风力发电机制造商的不断研究和改进，风力发电机组的发电量也有了显著提高，图 1－3 显示出叶片直径与年发电量的关系。

图 1－2　叶片直径随风力发电机组容量增长的变化趋势

1.1.3　离网与并网风力发电系统

离电网很远或入网成本很高的岛屿、农场和偏远山村，风力发电机组常常离网运行，提供当地用电。由于风电的间歇性和波动性，离网运行的风力发电机组需要其他能源发电形式的补充以保证供电的持续性。离网运行的风力发电机组与柴油发电、太阳能光伏发电或储能系统一起，组成一个更加可靠的分布式发电系统。图 1-4 这种分布式的离网风力发电系统由于负荷总量有限，在我国所占风电总装机容量的比例很小。

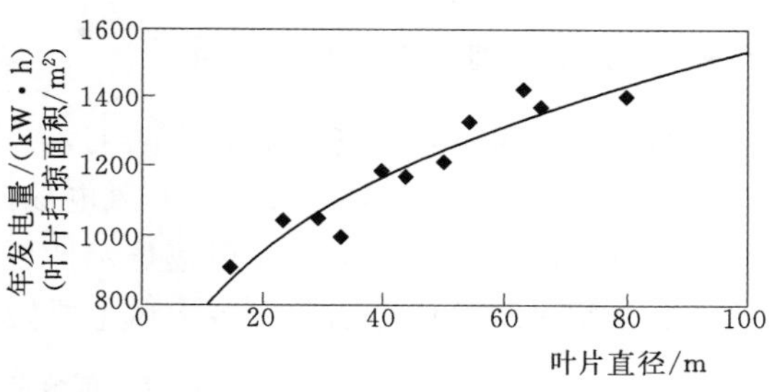

图 1-3 叶片直径与年发电量关系

在大多数场合，由几十台、上百台甚至更多并网型风力发电机组组成总容量更大的风力发电系统（风电场），并将产生的电能送入电网。由于风力发电机组的额定电压大多在几百伏（典型电压为 690V）左右，风力发电机组通常需要经过两次甚至三次升压接入电网。将风力发电机组机端几百伏电压提升至几十千伏（例如 35kV）的一次升压变压器（箱变）通常由电缆连接到不远处的风力发电机组。有时还需要根据各机组的位置分组，由集电系统进行汇集，再次升压或直接送到风电场的升压变电站，图 1-5 为并网风力发电系统示意图。

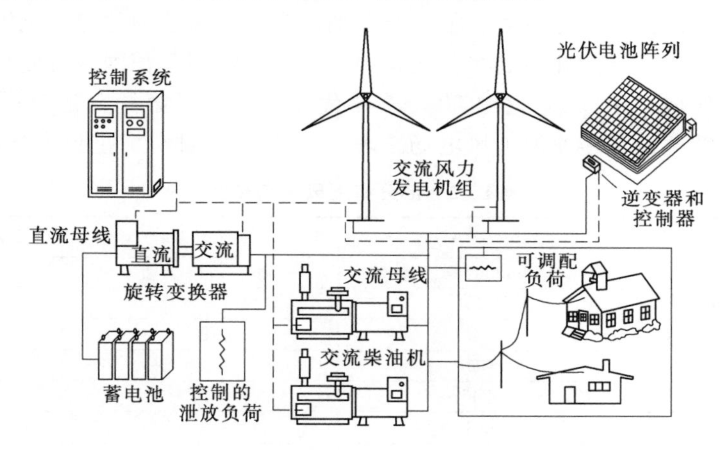

图 1-4 离网风力发电系统示意图

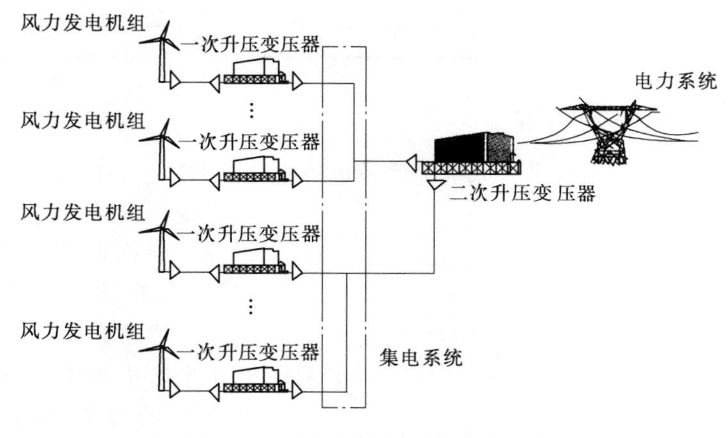

图 1-5 并网风力发电系统示意图

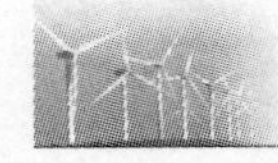

1.1.4　陆上与海上风力发电系统

早期大容量风电场的建设通常在陆上，主要原因为陆上施工方便、维护成本低、靠近输电线路等，表 1-1 给出了部分陆上风电场的实例。然而，陆上风资源有限，海上风资源丰富；海上风速高于陆上，且风速稳定性更好；海上建设风电场对环境的影响更小……海上风电这些显著的优势引起了各大风电投资商的密切关注。

表 1-1　部分陆上风电场实例

参　　数	Roscoe	Whitelee	Bowbeat
地点	Texas，美国	Glasgow，苏格兰	Moorfoot Hills，苏格兰
风力发电机组数量/台	627	140	24
容量/MW	781.5	322	31.2
面积/km^2	404.7	72.52	—
风力发电机组型号	Mitsubishi 1000A	Siemens 2.3MW	Nordex N60
生产年份	2009	2009	2002

海上风电最早的倡导者是丹麦、德国等欧洲国家。因为欧洲的海上风能资源量储量是目前整个欧洲全部用电量的几倍之多，而且中欧国家，特别是德国、丹麦，其陆地风电的开发大部分已经完成，所以 20 世纪 80—90 年代丹麦就有了第一台近海风力发电示范机组，并在此后陆续建设了多座海上风电场。表 1-2 给出了部分海上风电场的实例。

表 1-2　部分海上风电场实例

参　　数	London Array	Horns Rev	Nysted/Rodsand I
地点	London，英国	Jutland，丹麦	Lolland，丹麦
离岸距离/km	20	14～24	10.8
风力发电机组数量/台	341	80	72
容量/MW	1000	160	166
面积/km^2	245	20	26
内部母线电压/kV	33	34	33
风力发电机组型号	Siemens SWT-3.6	Vestas V80 2MW	Siemens SWT-2.3
传输线	150kV 海底电缆	150kV 海底电缆	132kV 海底电缆
海上变电站数量	2	1	1
完工年份	2012	2002	2003

1.1.5　风力发电成本和电价

风力发电是可再生能源技术中成本降低最快的发电技术之一。随着市场的发展和技术的进步，风力发电成本和电价显著下降。根据欧洲风电协会的分析，1990—2000 年风力发电成本下降了 50%，达到了 5～6 欧分/(kW·h)。在未来的市场中，预计风力发电的成本还将继续下降，如图 1-6 所示。

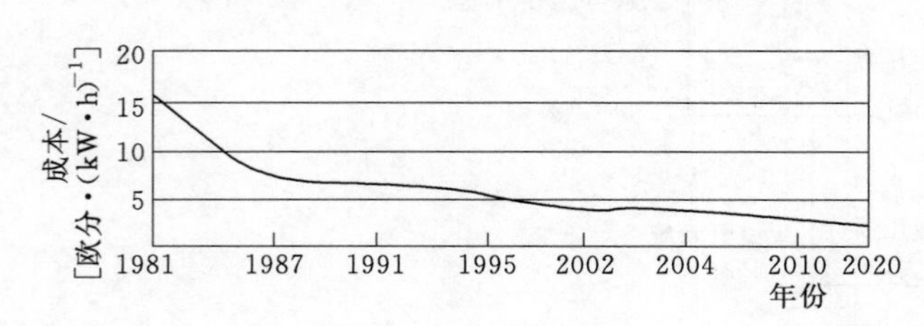

图 1-6　风力发电成本

风力发电成本取决于风力发电机组的成本，也和风力发电机组高度（轮毂）的平均风速和场址的风能资源密切相关。表1－3给出了一个典型2MW风力发电机组主要部件的成本比例。总成本的约75%是与风力发电机组直接相关，包括风轮、变速箱、发电机、变流器、机舱和塔架等。其他费用包括电网连接、基建、土地租金、电气安装和道路建设等。图1－7是欧洲风能协会年度报告对于不同平均风速和风电场投资下的发电成本。

表1－3 一个典型2MW风力发电机组主要部件的成本比例

部　　件	成本比例/%	部　　件	成本比例/%
风力机	75.6	咨询费	1.2
电网连接	8.9	财务费用	1.2
基建	6.5	道路建设	0.9
土地租金	3.9	控制系统	0.3
电气安装	1.5		

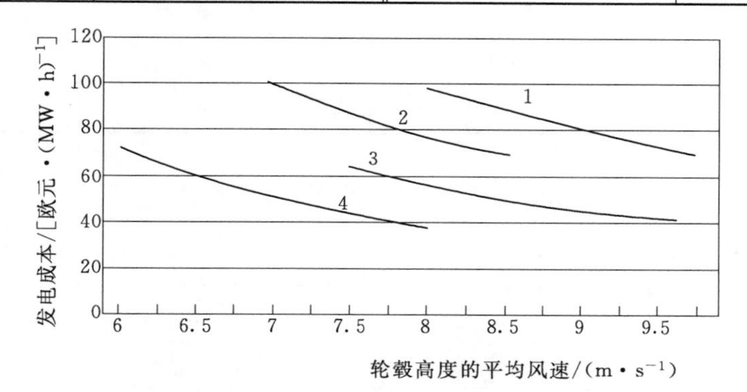

图1－7 平均风速和场址对风力发电成本的影响

1—近海1800欧元/kW；2—近海1450欧元/kW；

3—陆地1150欧元/kW；4—陆地800欧元/kW

根据美国风能协会分析，随着风电产业的发展，风电电价有了明显的下降。从20世纪80年代第一台风机并网时风电电价高达30美分/(kW·h)，到2010年前后的风电电价降到4美分/(kW·h)。据相关预测，海上风电成本将从2015年18美分/(kW·h)降至2025年的12美分/(kW·h)，有35%的下降空间。可以肯定地说风电是目前可再生能源发电中最具竞争力的发电形式。表1－4、表1－5为我国不同风能资源条件和风电场投资下的风电成本和上网电价。表1－6为2005年前后安装的10kW、50kW和1.7MW风力发电机组的典型成本。图1－8比较了不同能源的发电成本范围。

表1－4 不同风能资源条件下的风电成本 单位：元/(kW·h)

投资/元	等效满负荷小时数/h								
	1400	1600	1800	2000	2200	2400	2600	2800	3000
8000	0.533	0.466	0.414	0.373	0.339	0.311	0.287	0.266	0.249
9000	0.596	0.521	0.464	0.417	0.379	0.348	0.321	0.298	0.278
10000	0.659	0.577	0.513	0.461	0.419	0.385	0.355	0.330	0.303

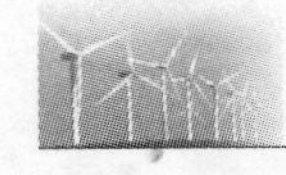

表1-5　不同风电场投资下的上网电价　　单位：元/(kW·h)

投资/元	等效满负荷小时数/h								
	1400	1600	1800	2000	2200	2400	2600	2800	3000
8000	0.810	0.708	0.630	0.566	0.515	0.472	0.436	0.405	0.378
9000	0.907	0.794	0.705	0.635	0.577	0.529	0.488	0.454	0.428
10000	1.005	0.879	0.781	0.703	0.639	0.586	0.541	0.502	0.469

表1-6　2005年前后不同容量风力发电机组主要成本比较

项　　目	小型风力发电机组		大型风力发电机组
额定输出功率/kW	10	50	1700
风力机成本/美元	32500	110000	2074000
安装费用/美元	25100	55000	782000
总成本/美元	57600	165000	2856000
每千瓦成本/美元	5760	3300	1680

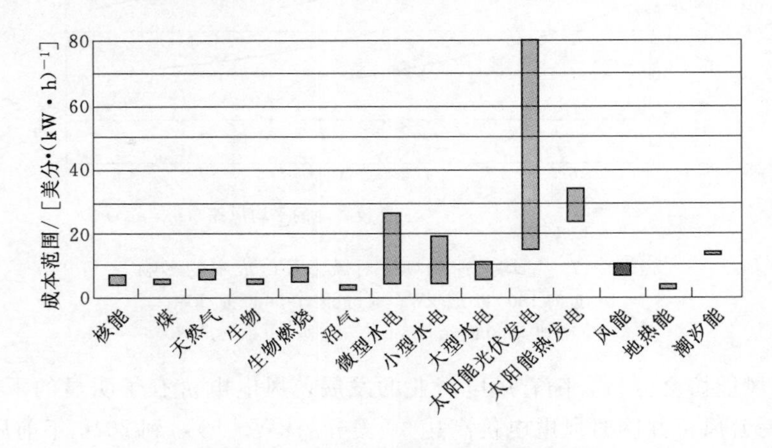

图1-8　不同能源的发电成本范围

1.1.6　交流与直流并网风力发电系统

一般情况下，风电场采用高压交流输电形式（HVAC）并网，无论在技术上还是实际工程中都是最简单可行的方式。风力发电机组输出的电能通过一次升压，汇集至风电场的升压站进行二次（或三次）升压，然后并入交流电网，如图1-9所示。然而大规模海上风电场往往距离陆上变电站较远，且海底电缆对地电容比架空线大得多，交流并网方式受到输电距离的约束，此时直流并网方式得到广泛应用。

在高压直流输电中最常用的有两种技术方案：一是采用晶闸管的电流源变流器的高压直流输电系统（LCC-HVDC），如图1-10所示；二是采用IGBT的电压源变流器的高压直流输电系统（VSC-HVDC），如图1-11所示。

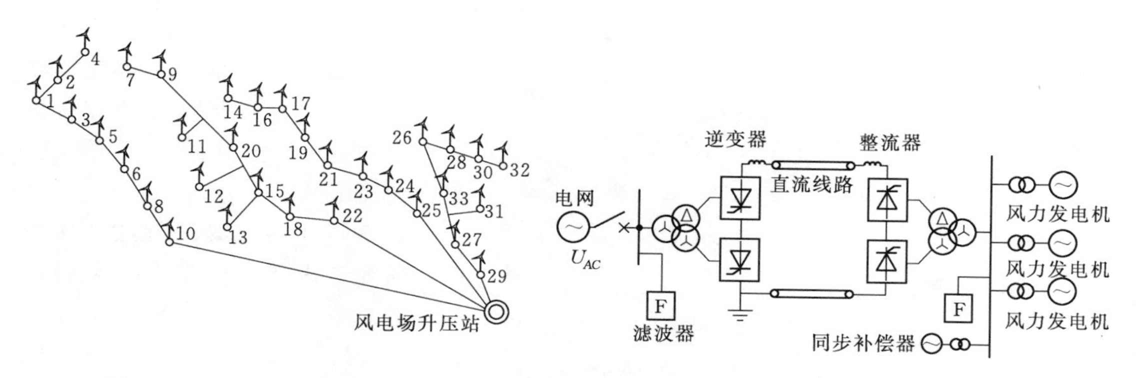

图 1－9　交流并网风力发电系统

图 1－10　采用 LCC－HVDC 的风电场接入系统方案示意图

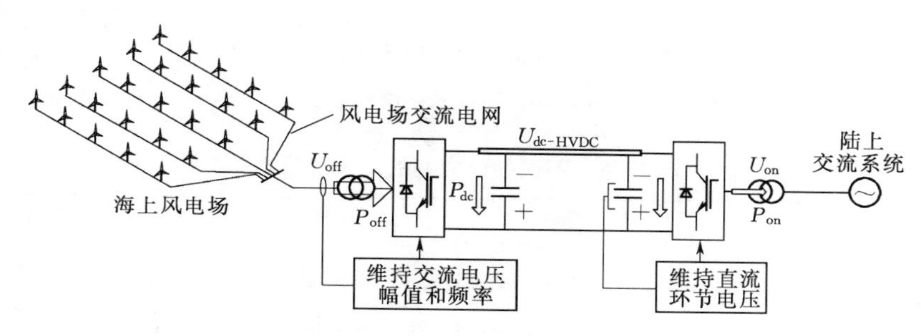

图 1－11　采用 VSC－HVDC 的风电场接入系统方案示意图

对 HVAC、LCC－HVDC 和 VSC－HVDC 并网进行技术比较时，应考虑容量、损耗、近海安装规模、对电网的影响和实施等方面，每一种基础方案又都可以添加额外设备来获得更好的技术水平，很难统一表述，表 1－7 仅对标准输电方案进行简单技术特点比较。

表 1－7　三种并网方案的技术特点

项目	并网方案		
	HVAC	LCC－HVDC	VSC－HVDC
每个系统的最大容量	200MW，150kV	～1200MW	350MW
电压水平	达到 245kV	达到±500kV	达到±150kV
传输容量是否与距离相关	是	否	否
系统总损耗	取决于距离	2%～3% （加上近海辅助设备的需求）	4%～6%
是否黑启动能力	是	否	是
故障级别	比高压直流方案高	比高压直流方案低	比高压直流方案低
电网支撑的技术能力	有限	有限	可能性范围很广
近海变电站是否在运行	是	否	规划中（2005 年）
近海变电站的空间需求	小	取决于容量，变流器比 VSC 型大	取决于容量，变流器比 LCC 型小但比高压交流电站大

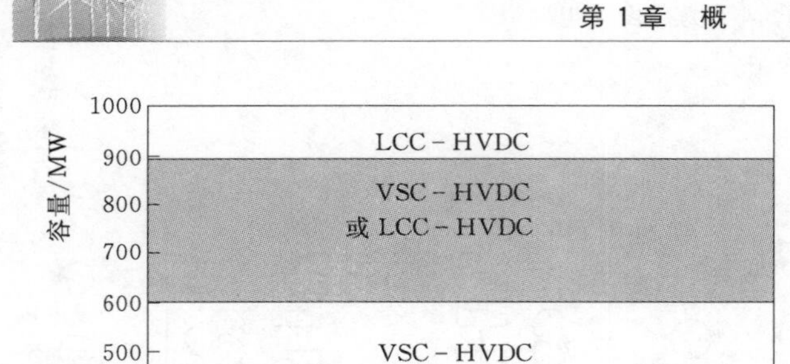

图1－12 根据不同容量和陆地并网点距离的全系统经济性选择并网方案

系统成本由投资成本与运行成本构成。这些成本都会因容量、并网点远近而产生差异，经济分析仍然应该个案分析。图1－12仅给出一般性的经济结论。

对不同并网方案进行经济比较时，需要考虑传输等量电能和相等距离的总成本，表1－8给出了针对1GW的海上风电场3种并网方案的总系统成本。工程的总成本包含了系统中每个部件（电缆、变压器、换流站等），但不包含附加设备的成本，如海上平台和风电场的集电系统。

表1－8 不同并网方案的总系统成本

输电距离/km	HVAC/£m	LCC－HVDC/£m	VSC－HVDC/£m
50	276	318	222
100	530	440	334
150	784	563	446
200	1037	685	557
250	1538	808	669
300	2433	930	781
350	2835	1053	893
400	3638	1175	1005

另外，海上风电场并网系统也可研究考虑多端高压直流输电方案，如图1－13所示。不管是LCC－HVDC、VSC－HVDC还是混合技术都可以被应用于多端结构中。在基于LCC－HVDC的多端系统中，变流器是串联的；而基于VSC－HVDC的多端系统中，变流器是并联的。多端高压直流输电技术目前还没有被广泛应用。

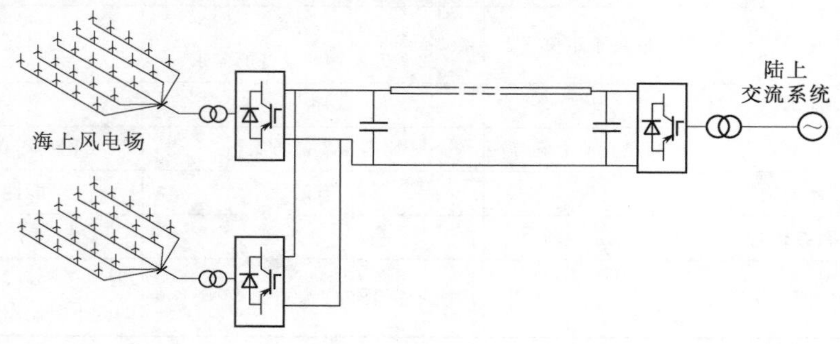

图1－13 基于VSC－HVDC技术的多端结构的风电场并网示意图

1.2 风电场出力特性及运行特点

1.2.1 风电场的风速特性

风电场的出力特性与所在地风速情况密切相关。风速的最大特性是波动性和不确定性。

1. 风速的波动性

任何地区所测到的风速都是随时间变化的。另外，离地高度不同，同一地点风速会有变化，越靠近地面，风速受地面物体的影响越大。气象观测表明，风速随高度增加的相对变化量因地而异。1885 年，Achibalcd 提出以指数规律来表示这种变化（风廓线）为

$$\frac{v}{v_0}=\left(\frac{h}{h_0}\right)^{\alpha} \tag{1-1}$$

式中 h、h_0——距地面的高度，m，h_0 一般取 10m；

v_0——距地面高度 h_0 处测量的平均风速，m/s；

v——距地面高度 h 处测量的平均风速，m/s；

α——地表摩擦系数。

不同地面粗糙度的风廓线示意图如图 1-14 所示。

若引入地表粗糙度 z 表达地表摩擦系数 α，有

$$\alpha=0.04\ln z+0.003(\ln z)^2+0.24 \tag{1-2}$$

式中 α——取值为 0.1～0.4。

风速不会随高度无限制地增长，某机场采集的风速数据说明了这一情况，如图 1-15 所示。

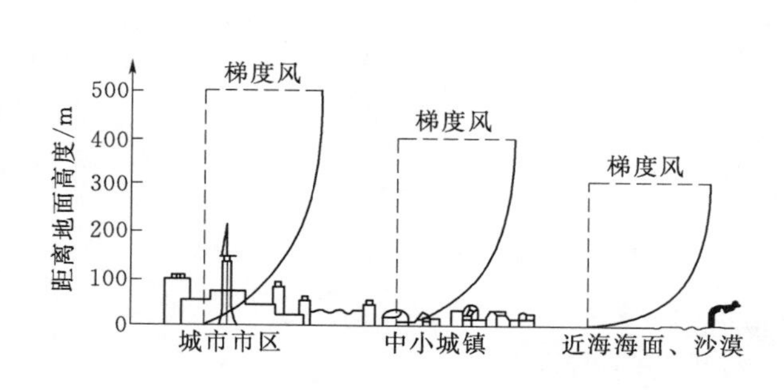

图 1-14 不同地面粗糙度的风廓线示意图

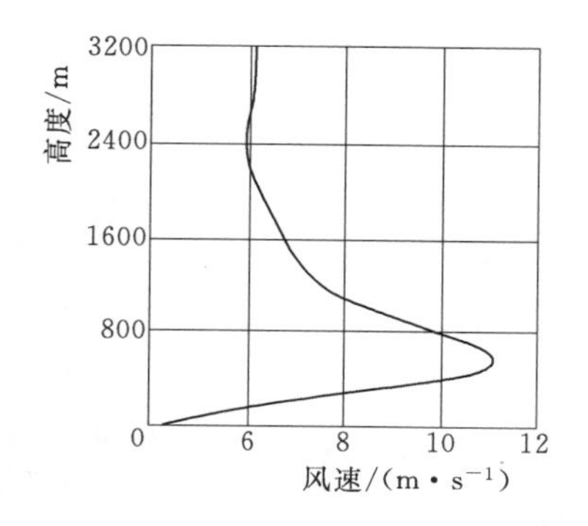

图 1-15 某机场上空风速随高度的变化

图 1-16 为某地风速在连续 100d 内的变化，随后的图依次是前一图中阴影时间区域的放大图。很容易看出，较长时间内的风速变化比短时间内的风速变化大得多。图 1-17 为风速波动频谱图，图中风湍流峰值主要是由 1～60s 内变化的阵风引起；日峰值取决于每天的风速变化；气象峰值取决于气候模式的变化，每天及每周都会变化，同时还有季节周期的变化。

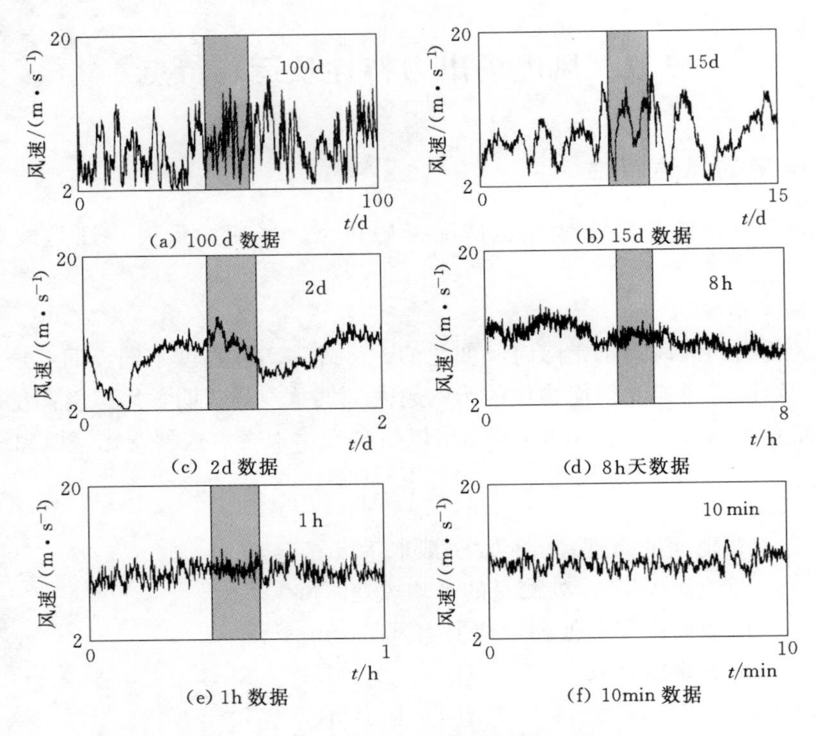

图 1-16 平坦地势 30m 高度处的风速测量值

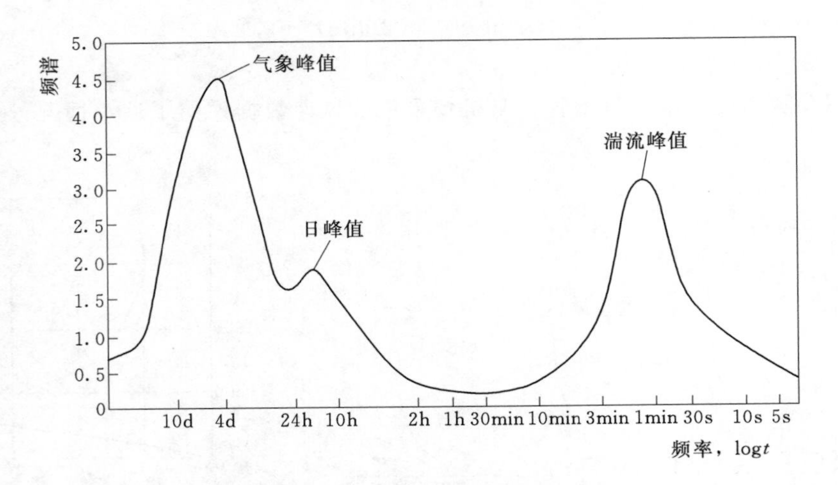

图 1-17 风速波动频谱图

对于运行中的电力系统来说，湍流峰值可能会影响风电电能质量，风力发电机组所采用的技术在很大程度上也会影响风电电能质量。例如，变速风力发电机组通过将能量暂时存储在风力发电机组的旋转轴系中消除短期功率波动，这意味着风力发电机组的柔性连接比与系统刚性连接的功率输出更平滑。日峰值和气象峰值可能会影响电力系统的长期有功功率平衡，但相对于电力系统的功率变化相对缓慢。值得注意的是，风速变化在 10min 或者一两个小时的时间范围，虽然出现的频谱值不如前面的高，但可能对电力系统运行带来更大的挑战。

风速变化有年变化、季节变化、日变化和秒变化，且同一地区不同年份的变化，其相似性也很差。这些不同时间尺度的变化都会增加该地区风电预测的难度，对所属地区电网的安全运行造成不利的影响。

2. 风速的不确定性

目前国际上将每小时的平均风速值作为对风力状况进行分析和计算风能资源的基本依据。每小时平均风速值可以按文献［8］介绍的办法获得。以每小时平均风速值为基础可以计算得出每日、每月、每年的平均风速值。

用平均风速的概念来衡量一个地方的风能资源非常方便，但要描述风速长期的变化和所具有的重复性，人们还需要引入风速频率分布来描述，即在一定统计时间内各种风速重复出现的总时间与统计时间的比值（百分比）。年风速频率分布是以年风速时间统计给出的，一般每10min记录一次风速，统计计算获得如图1-18所示的年风速频率分布。全球大部分多风地区的典型风速频率分布与图示曲线形状一致，经常出现的风速（峰值处）数值往往并不大，低于平均风速，而高风速出现的频率较小。根据大量实测结果来看，威布尔双参数曲线是描述风速频率分布规律最适合的概率密度函数，可以表达为

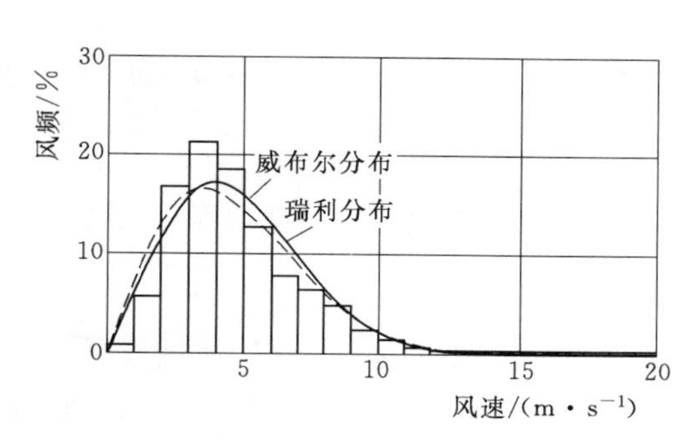

图1-18　年风速频率分布图

$$f(v)=\frac{k}{c}\left(\frac{v}{c}\right)^{k-1}e^{-\left(\frac{v}{c}\right)^{k}} \tag{1-3}$$

式中　v——风速，m/s；

k——无单位的形状因子；

c——与风速v单位相同的尺度因子，与长期风速的平均值有关。

k和c的不同取值对概率密度函数的影响如图1-19所示。

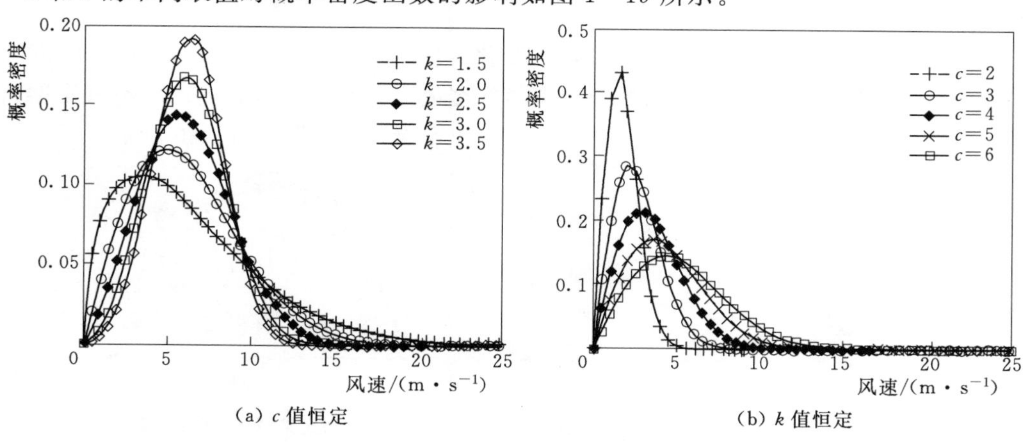

图1-19　不同k值和c值下的风速威布尔分布

威布尔分布函数能够完整地描述“风速”这一随机变量的统计特性，它的随机分布数字特征，如数学期望、方差等是反映不同分布的重要参数。数学期望又称为均值，即平均风速。风速的数学期望定义为

$$\mu = \int_0^{+\infty} v f(v) \mathrm{d}v = c\Gamma\left(\frac{1}{k}+1\right) \tag{1-4}$$

式中 μ——数学期望，与参数 c 以及由参数 k 构成的 Γ 函数有关。

常用来描述随机风速与均值的偏离程度的方差表达为

$$D(v) = \int_0^{+\infty} (v-\mu)^2 f(v) \mathrm{d}v \tag{1-5}$$

在应用上，还引入与随机变量风速 v 具有相同量纲的标准差，又称均方差，$\sigma(v) = \sqrt{D(v)}$。

1.2.2 风力发电机组的功率特性及特点

1. 风力发电机组的功率特性

由风力发电机组的能量转换过程可见，风力发电机组的有功功率输出由风力机的输出功率、传动机构的机械效率和发电机功率特性共同决定。其中传动机构的机械效率和发电机的效率变化不大，则风力发电机组有功功率输出就主要取决于风力机的功率转换与发电机的功率特性。

风力机捕获风能转换为机械功率输出的表达式为

$$P_m = \frac{1}{2} C_p \rho A v^3 \tag{1-6}$$

式中 C_p——功率系数，也称风能利用系数；

ρ——空气的密度；

A——叶片扫掠面积；

v——来风风速。

对于确定的风电场来说，空气的密度、叶片扫掠面积、风速和功率系数的变化都会影响风力机的输出功率。

当气压与气温变化时，空气密度会随之变化。以空气密度 ρ 为 1.225kg/m^3 标准状态下，测出的定桨距风力机的功率曲线为参考值。当气温升高，海拔升高时，空气密度就会降低，相应的功率输出就会减少；反之，功率输出就会增大，如图 1-20 所示。

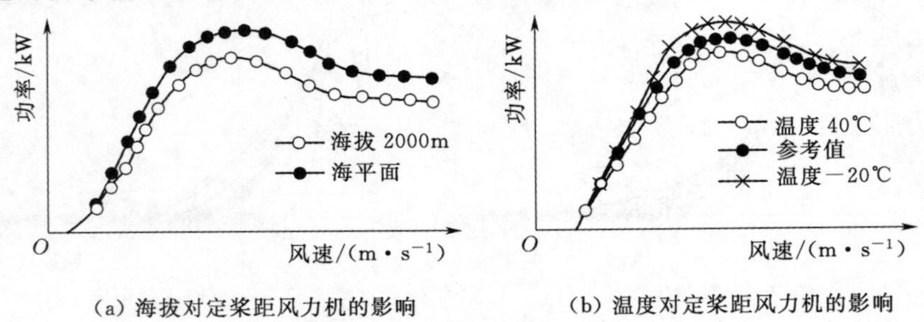

(a) 海拔对定桨距风力机的影响　　(b) 温度对定桨距风力机的影响

图 1-20 空气密度变化对功率输出的影响

由空气动力学理论，功率系数 C_p 是关于叶尖速比 $\lambda = \Omega R / v$ 和叶片桨距角（节距角）β 的函数，Ω 是转子的角速度，R 是风力机叶片的半径。典型的以叶片桨距角为参数的风力机 $C_p - \lambda$ 特性曲线如图 1－21 所示。桨距角为 0°时，风力机叶片平面与来风风向垂直，风力机捕获更多的风能；桨距角为 90°时，风力机叶片平面与来风风向平行，风力发电机组停止发电。不同桨距角时的桨叶截面如图 1－22 所示。定桨距风力机的叶片桨距角是固定不变的，变桨距风力机的叶片桨距角是可以调节的。

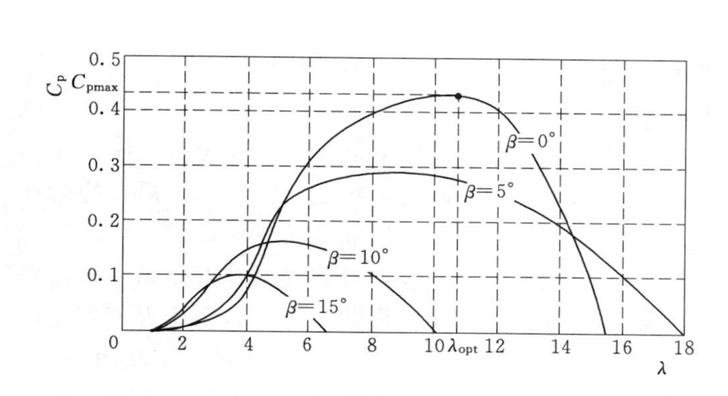

图 1－21　以桨距角为参数的风力机 $C_p - \lambda$ 特性曲线

风向
发电状态
桨距角 0°
停止状态
桨距角 90°

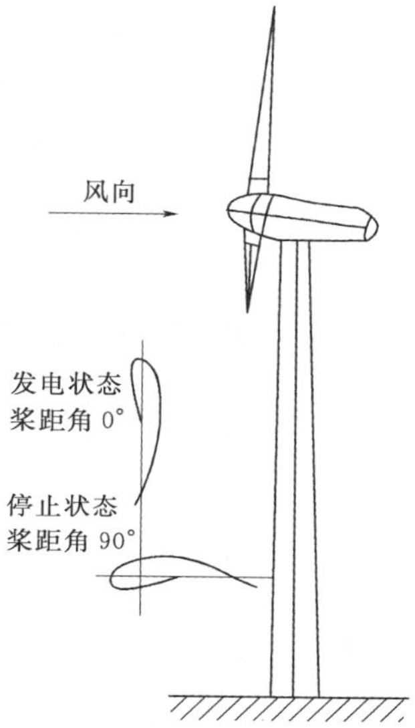

图 1－22　不同桨距角时的桨叶截面

功率系数 C_p 受限于 Betz 理论极限值 0.59，一般大型现代风力机 $C_{pmax} = 0.4 \sim 0.5$，如图 1－21 所示，叶尖速在最佳叶尖速比 λ_{opt} 附近。通过调节风力发电机组的叶片桨距角和转速可以获得最大输出功率，也可以实现减载运行。

2. 变桨距风力发电机组输出功率的特点

（1）输出功率更平稳。变桨距风力发电机组与定桨距风力发电机组相比，具有在额定功率点以上输出功率平稳的特点，如图 1－23 所示。变桨距风力发电机组的功率调节不完全依靠叶片的气动性能。当功率在额定功率以下时，控制器将叶片桨距角置于 0°附近固定不变，可当作定桨距风力发电机组，发电机的功率根据叶片的气动性能随风速的变化而变化；当功率超过额定功率时，变桨距机构开始工作，调整叶片桨距角，将发电机的输出功率限制在额定值附近。但是，随着并网型风力发电机组容量的增大，大型风力发电机组的单个叶片已重达数吨，操纵如此巨大的惯性体，并且保证响应速度要能跟得上风速的变化是相当困难的。事实上，如果没有其他措施的话，变桨距风力发电机组的功率调节对高频风速变化仍然无能为力。因此，近年来设计的变桨距风力发电机组，除了进行桨叶节距控制以外，还通过控制发电机转子电流来调节发电机转差率，使得发电机转速在一定范围内能够快速响应风速的变化，以吸收瞬变的风能，使输出的功率曲线更加平稳。

（2）在额定功率点具有较高的风能利用系数。在相同的额定功率点，变桨距风力发电

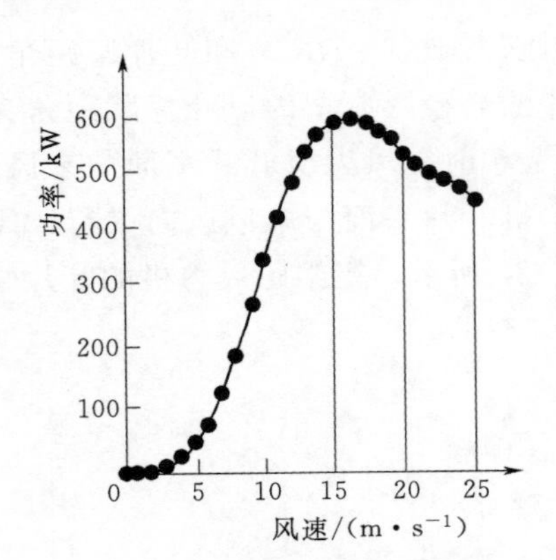

(a) 定桨距风力发电机组

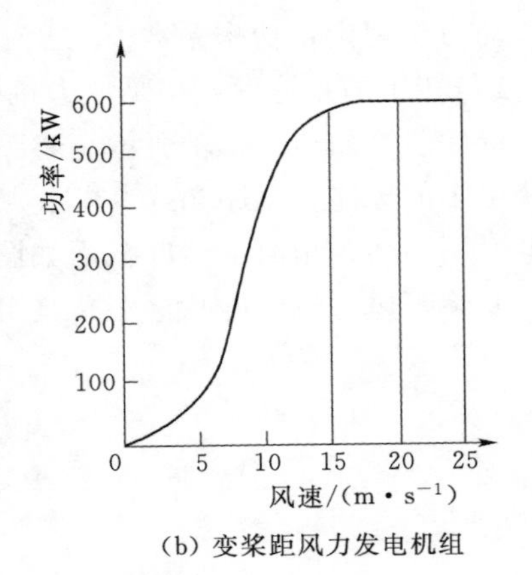

(b) 变桨距风力发电机组

图 1－23　风力发电机组的功率输出

机组的额定风速比定桨距风力发电机组的低。对于定桨距风力发电机组，一般在低风速段的风能利用系数较高。当风速接近额定点，风能利用系数开始大幅下降，因为这时随着风速的升高，功率上升已趋缓，而过了额定功率点后，桨叶已开始失速，风速升高时，功率反而有所下降。对于变桨距风力发电机组，由于桨叶节距可以控制，无需担心风速超过额定功率点后的功率控制问题，可以使得额定功率点仍然具有较高的功率系数。

(3) 能够确保高风速段的额定功率。由于变桨距风力发电机组的桨叶节距角是根据发电机输出功率的反馈信号来控制的，它不受空气密度变化的影响，无论是由于温度变化还是海拔引起的空气密度变化，变桨距系统都能通过调整叶片角度使之获得额定功率输出。这对于功率输出完全依靠桨叶气动性能的定桨距风力发电机组来说，具有明显的优越性。

(4) 启动性能与制动性能良好。变桨距风力发电机组在低风速时，桨叶节距可以转动到合适的角度，使叶片具有最大的启动力矩，从而使变桨距风力发电机组比定桨距风力发电机组更容易启动，即有较小的切入风速，并且变桨距风力发电机组上，一般不再设计电动机启动的程序。发生大风暴时，风速可能超过 20～25m/s，风力发电机组需要停机和偏离主风向，称该风速为风力发电机组的切出风速。当风速降至切出风速以下时，风力发电机组也不会立刻重新开始运行，会有一段延时，这取决于单台风力发电机组所采用的技术（变桨、失速和变速）和运行风况。风力发电机组重新启动也称为滞环启动，如图 1－24 中的虚线所示，通常需要风速降低 3～4m/s。可见，滞环特性决定了风暴过后风力发电机组在多长时间内重启。对电力系统而言，因风速大于切出风速而引起的多台风力发电机组停机可能会导致系统突然损失大量发电量，从而威胁电力系统正常运行。欧洲大区域风电场的一个经验是：根据预报，在风暴来临时分

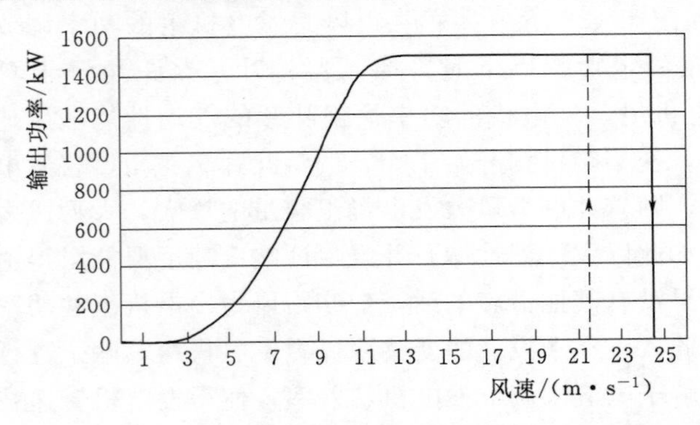

图 1－24　1.5MW 风力发电机组的典型功率曲线 1
（虚线表示滞环特性）

时段切机。但是，对于装机区域较集中的大型风电场来说，一场风暴有可能在更短时间内（不超过1h）导致大量风力发电机组切除。为了减小突然切除大量风力发电机组带来的影响，也为了解决滞环特性引起的相关问题，一些制造商对风力发电机组进行了改进，使其输出功率随着风速的增加逐步减少，以此减小风速过高对电力系统运行产生的负面影响，如图1-25所示。

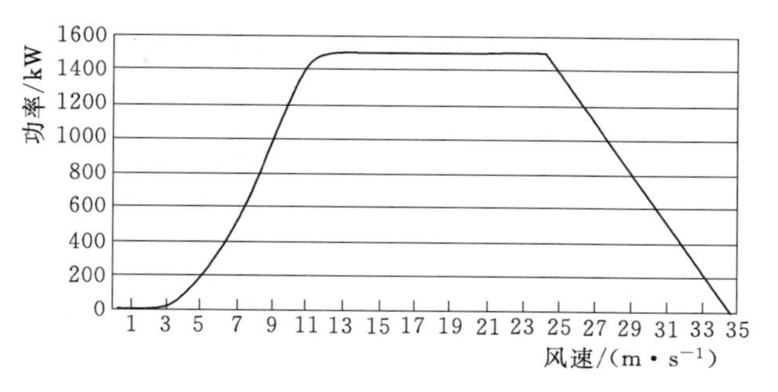

图1-25　1.5MW风力发电机组的典型功率曲线2
（风速过高时，功率逐步下降）

1.2.3　风电场的功率输出

风电场由多台风力发电机组组成，其有功功率输出与风电场内所有风力发电机组的功率特性和风力发电机组的集群效应有关，其中风力发电机组的集群效应与风力发电机组的台数、地理位置分布等因素有关。

在风电场较小的地域范围内，风电场大量风力发电机组之间相互有遮蔽或尾流影响，例如，如果正对主风向的第一排风力发电机组经受的风速是15m/s，到最后一排风力发电机组经受的风速可能只有10m/s。所以，风电场的功率输出不能由风电场内各台风力发电机组的功率曲线相加得到。一般单台风力发电机组输出功率随风速变化的幅度较大，但当风电场风力发电机组台数较多时，各台风力发电机组由于地理位置的差异，实际经受的风速及其变化的差异使得风电场的功率输出变化率减小。另外，同一地区不同地域建设的风电场，由于地理位置的较大差异，风速的波动具有更强的互补性，这对提高地区风电的电能质量有利。图1-26分别为不同地域的单台风力发电机组的功率变化和30台、150台、

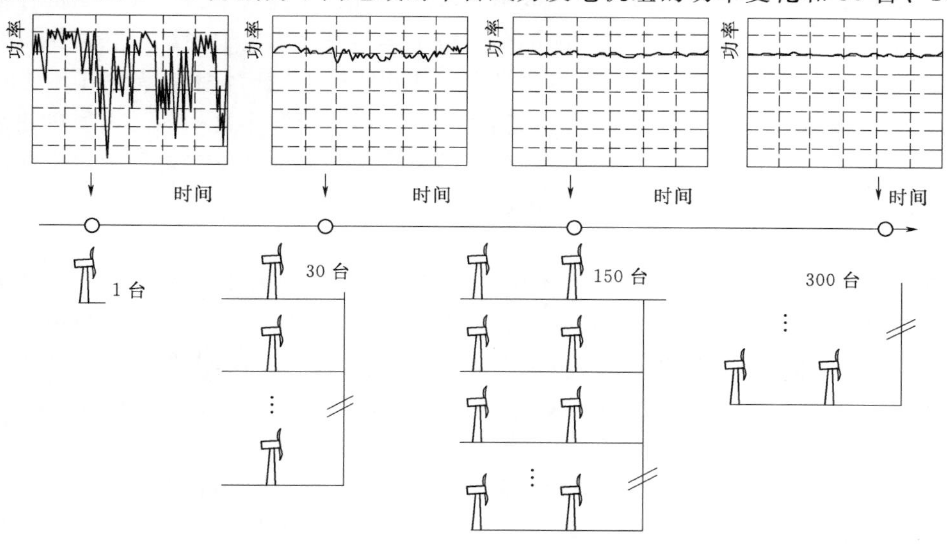

图1-26　风电场集群效应对风电场功率输出的影响

300 台风力发电机组集群的功率变化，可见风电场的集群效应和地理分布对功率的平滑输出是有利的。

1.3　风能的消纳与输送

近年来，随着世界各国对能源安全、气候变化问题的重视，风电的发展呈加快趋势，许多风电大国都制定了宏伟的风电发展规划，风电正在逐步由分散式、小规模开发过渡到大规模开发。随着风电规模的扩大，风电并网与消纳问题引起了广泛关注，各国对此开展了多项研究，逐步出台和完善了相关政策。

未来风电将在世界范围继续快速发展，欧洲风能协会提出，2020 年风电要满足欧盟电力需求的 20%，到 2030 年和 2050 年，这一比例将达到 33%和 50%。美国能源部提出，到 2030 年，美国风电应满足 20%的电力需求。风电将在未来世界的电力供应中占有更加重要的地位。

1.3.1　世界各国风能的消纳现状

1. 美国

近年来，美国风电发展非常迅猛，总装机容量仅次于我国。全美国风电累计装机容量为 60GW（占全球累计装机容量的近 20%），风电占总用电量的 6%。美国主要利用燃气机组来控制风电波动，增加风电消纳。从 2005 年开始，美国每年燃气机组装机的比例按计划高于新增风电的比例，利用灵活的燃气机组电源保证风电场的出力和系统的稳定运行。目前，美国拥有高比例的灵活电源，可快速跟踪负荷、适应风电波动的燃气机组和抽水蓄能电源的比例高达 47%，大约是风电的 13 倍，为风电波动性控制和风电的大规模消纳提供了保证。

根据装机容量的不同，美国风电场以不同电压等级就近接入电力系统。装机容量较高的风电场接入输电网，反之直接接入配电网。由于美国目前的电力系统以联邦州或输电网运营商经营区域为单位，美国风电也主要是在联邦州或输电网运营商经营范围内进行消纳和平衡，目前以分区内部消纳为主。未来美国将开发风能资源丰富的地区，通过建设新的高压输电线路输送到负荷中心。所以美国联邦政府在未来风电的发展规划中着重强调了加强跨州跨区电网建设，实现风电在更大范围内的消纳。

2. 德国

德国在 1998 年成为世界第一风电大国，之后也一直保持着世界领先、欧洲第一的地位。德国早期优先开发负荷周围的风电（这些单机容量不太大，并以小规模风电形式分散地接入 110kV 及以下电压等级的系统），这种陆地单机容量较小的小规模风电场装机容量普遍较小，主要接入到 6～36kV 或 110kV 电压等级的配电网，从而有效地实现了风电的就地消纳，其并网和消纳问题不突出。

德国在扩大小规模风电的同时继续规划发展电网、增加灵活电源比例。为了进一步适应可再生能源发电的特点，德国能源研究部门展开了新一代电网Ⅰ和新一代电网Ⅱ的研究，分别应对于接纳更多风电和考虑能源效率目标情况下扩展升级电网，目前已经完成新

一代电网Ⅰ的研究。值得借鉴的是德国坚强的跨国电网使德国的风电有余时将其转送到邻国。德国具有丰富的水力、生物质、天然气、燃油和抽水蓄能等灵活电源，使其与风电配合打捆传输或利用电能储蓄控制波动，增加了风电的消纳的比例，能够适应风电的大规模开发。

由于陆上风电发展潜力有限，德国将海上风电作为未来风电发展的重点，未来海上风电将主要接入220/380kV输电网，与欧洲其他国家的电网互联（北海风能圈和电网互联），为德国开发大型的海上风电场创造了条件。

3. 丹麦

丹麦是全球风电的先行者，是目前风电装机容量比例最高的国家之一，约占全国电力装机总容量的30%，风电发电量约占其总发电量的28%。丹麦的风电依靠与其他可再生能源相结合控制波动，同时依靠强大的覆盖全国的电网及与邻国的跨国联网扩大风电消纳市场，实现风电的高比例穿透和消纳。

丹麦发展风电时充分利用了挪威的水电和西班牙的光伏发电资源，将风电与水电、光伏、火电一起并网外送，同时利用抽水蓄能电站的储能效力进行系统调峰。丹麦还在不断开发新的途径消纳风电，如：大力发展电动汽车，可以在风电多余时对电动汽车进行充电储能，节约传统能源；积极开发热电联产，利用风电进行供热，提高风电消纳比例。

丹麦陆上风电主要接入配电网，以就地消纳为主。大型近海风电场直接并入输电网(132～150kV)，仅占总装机容量的10.3%。

由于丹麦与挪威等北欧国家电力交换频繁，丹麦的风电50%以上出口到国外，本国风电消费量约占全国电力消费总量的10%。挪威等北欧国家的水电、气电等参与调峰，为丹麦的风电消纳起到了决定性的作用。

随着海上风电场建设的加快推进，丹麦未来60%的风电场将直接并入132kV甚至400kV输电网。表1-9为2009年丹麦风电场接入电压等级。

表1-9　2009年丹麦风电场接入电压等级

电压等级/kV	风机组数量/台	装机容量/MW	备　注
132～150	152	325.6	用于近海风电场的网状输电网
30～60	62	97.3	网状和辐射状的配电网
10～20	2795	2010.9	辐射状配电网
0.4	2163	719.4	辐射状配电网
合计	5172	3149.6	—

4. 西班牙

西班牙的风能资源主要集中在北部和南部的沿海区域，风电场也是以成片开发的大中规模为主，而电力负荷主要集中在中部的马德里和东部的巴塞罗那地区，大量风电需要跨地区输送，风电并网和消纳的矛盾突出，这一点与我国情况类似。受到土地和并网消纳问题的制约，西班牙近年来风电发展速度放缓。

为了减少电网接纳风电的压力，西班牙政府鼓励建设中小规模的分布式风电场。在实现风电在国内跨地区消纳的同时，西班牙还计划通过建设与法国、葡萄牙等周边国家的联网工程，加强与欧洲大陆电网的联系，实现更大范围的风电送出和消纳。

西班牙电力系统拥有大量的灵活快速调节电源，据2010年年底的统计，西班牙水电（包括抽水蓄能电站）、核电、煤电、风电、燃油燃气发电分别占总装机容量的17.1%、7.9%、11.7%、20.3%和28.8%，仅燃油燃气发电量就是风电的1倍多，风电的波动依靠高比例的灵活电源（如抽水蓄能）可以很好地得到控制，保证风电的大规模消纳。

5. 英国

风电建设已从原有的单一风力发电机组或者小型风电场接入配电网而转成大规模风电场直接接入输电网，这些风电场逐步由原来的一台或几十台风力发电机组发展到成百上千台风力发电机组组成的大规模风电场。由于大规模风电的接入，风电容量的占比不断提高，截至2010年9月，已达到短时24h风电持续供应量占到总量的10%，创历史新高。

英国风电发展初期以小型风力发电机组为主，单机容量一般在3MW以内，一个风电场大约有30～50台风力发电机组，总输出容量为100～180MW。由于风电场容量较小，所以一般选择直接接入配电网向用户供电。在风电发展中期逐渐出现了一些较大型的风电场，这些风电场大约由50～100台风力发电机组组成，风电场总输出容量达到100～500MW，配网开始无法满足这些大型风电场的并网需求，于是各类风电场开始尝试接入输电网甚至开始出现取代一些传统电厂（如火电、核电）的趋势。

随着环境与能源问题持续恶化，欧盟提出了“2020战略”以促进绿色经济和新能源使用效率提高，以期在2020年实现节能20%的目标。为完成已设定的低碳减排与经济目标，提出2020年前实现15%的新能源消费。英国政府将大力发展风电，并将其作为实现2020年新能源目标的主要手段，国家级总体规划为从陆地风电建设逐步转为重点支持海上风电建设。海上风电具有风力更强劲、噪声污染少、靠近负荷中心等优点，尤其是对于有几千甚至上万台风力发电机组的大型风电场，海上建设更能减少输电网的输电压力以及阻塞所引起的成本。在英国“2020绿色计划”中，风电发展将以海上风电为主，一些大型离岸风电场的设计最大装机容量甚至可达到1000MW左右，而风电场的面积也将有英国整个约克郡的大小。例如2010年年底进行并网测试的萨尼特风电场，投资超过7.5亿英镑，装机总容量为300MW，位于英国肯特海岸，共装有100个大型风力发电机组，产生的电力足够20万户家庭使用。英国海上风电发展规划为3个阶段，第1和第2阶段总装机容量规划在8GW左右，第3阶段的装机容量将在25GW左右，约占电力系统总装机容量的30%。这种大型风电场的并网尝试对于风力发电机组大小和数量上的要求发生了本质性的变化，也对英国国家电网公司运行的电网潮流发出了较大的挑战。如何使这些大型的风电场能够像传统电厂一样实现稳定的调频调压控制，以及如何利用市场手段和英国相对成熟的电气控制技术实现风蓄水火燃气发电的协调优化调度，已在英国学术界和工业界成为了主要的研究课题。此外智能电网新技术的开发与融入，如电动汽车接入、智能电表与智能建筑的逐步配置，也为风电的高效消纳提供了新机遇。

总体来看，世界风电强国的风电消纳和输送途径包括与其他电源配合和引用电力储能

设备，这两种途径都是针对风电的波动性提出的。其中：风电与其他电源配合消纳可降低风电波动，提高输电效率，风电打捆输送使电力稳定，更有利于并网；引用电力储能设备，可以起到削峰填谷的作用，如抽水蓄能、电动车等。因此，丰富的电源种类和高效的储能设备是未来风电消纳和送出的重要支撑。

1.3.2 我国风能的消纳与输送

我国风电起步于1986年，相对于其他风电发达国家较晚，2005—2011年迎来风电快速发展期，期间全国风电并网风电装机容量年均增速达188%。到2014年年底，我国累计风电装机容量114.609GW，同比增长25.4%占全球风电装机容量的27%，保持着世界风电装机领头羊的地位。截至2014年年底，我国累计风电并网装机容量达95.81GW，2014年全年风电发电量达到1563亿kW·h，占全年发电总量的2.8%，成为继火电（占75.2%）、水电（占19.2%）之后的第三大电源，超过核电（占2.3%）。虽然并网风电装机容量占比已达7%，但由于风电利用小时数普遍较低（2014年设备平均利用小时数为1905h），弃风较严重，发电量占比不到3%。

我国早期的风电并网也主要采取就地并网形式，接入配电网电压等级多为10～66kV。随着我国风电的迅速发展，开发区域主要集中在东北、华北和西北的“三北地区”以及东南沿海地区，全国已形成9个千万千瓦级大型风电基地（新疆哈密、甘肃酒泉、内蒙古西部、内蒙古东部、黑龙江、吉林、河北、山东和江苏沿海），其风电装机容量达全国风电装机容量的80%，占全国风电发电量的85%以上。由于绝大部分风电基地所在区域经济相对落后，电力需求小，又远离负荷中心，原有的就地并网原则对于这种大规模集中开发的风电场已经不能满足并网要求，因此我国的大规模并网接入电压等级已开始采用220kV，甚至330kV。

由于当地风电消纳不足，我国这种集中大规模风电基地的运行不得不考虑跨省区外送，又因风电的随机性和间歇性等特性导致其并网困难，加之我国电源调频调峰能力低、电网结构薄弱、省区间联网能力不强等，难以提供风电消纳支持，使得风电到目前仍以省内消纳为主，高弃风率是目前急待解决的问题。

2014年国家能源局发布《关于做好2014年风电并网消纳工作的通知》（以下简称《通知》），并公布了2013年度各省（自治区、直辖市）风电年平均利用小时数。《通知》要求，把不断提高风电等清洁能源在电力消费中的比重作为产业发展的核心目标，积极创新体制机制，采取有效的技术和政策措施，做好风电消纳，确保风电产业持续健康发展。

《通知》指出，2013年，我国风电并网和消纳取得积极成效，严重的弃风限电问题得到有效缓解，全国除河北省张家口地区外，内蒙古、吉林、甘肃酒泉等弃风严重地区的限电比例均有所下降，全国风电平均利用小时数同比增长180h左右，弃风电量同比下降约50亿kW·h。但弃风限电问题并未根本解决，局部地区弃风仍制约着我国风电产业的发展。

解决我国风电的消纳与输送问题任重道远。根据世界风电强国风电消纳、输送的经验和我们的实际现状，我国风电开发和消纳需要采用多种途径和方法。

1. 加强风电消纳与输送的配套政策

欧美等国家建立了较为完善的电力交易市场，风电的消纳已经完全融入其电力市场的竞争和运行过程中，在目前非大规模集中风电的发展模式下，不需要规定风电市场消纳的特殊政策。然而，目前我国风电跨省、跨区输送与消纳的政策缺失。风电就地消纳难度越来越大，跨省、跨区消纳不仅受到电网容量限制，而且也没有合适的输电电价、送电电价、受电电价等政策的支持。

2. 集合丰富电源种类采取打捆消纳和输送

风电区域电源的结构及其特性是影响系统接纳和输送风电能力的关键。风电的大规模并网运行需要电力系统具备相应的调峰、调频能力，需要其他形式电源的配合与协调。在风电快速发展的过程中，大批燃气发电、水电、储能型电源等调峰性能良好、运行灵活的电源是支撑风电迅猛发展和保证电网安全稳定运行的重要基础。

3. 加强电网建设

大规模集中风电并网需要以坚强的骨干网架结构和区域电网互联作为支撑，在更大范围内平抑风电出力的波动性。丹麦不仅本国电网结构坚强，还与挪威、瑞典、芬兰、德国等周边国家通过大容量的跨国联络线实现互联，使得丹麦风电可以依托北欧水电和德国火电进行调节，因此丹麦的风电相对应全国发电量有更高的占比。美国为了提高风电的消纳能力也在规划建设跨州、跨区域的输电线路。

4. 改善电力系统运行调度管理

在风电调度管理方面，丹麦、德国、西班牙、美国等四国都强调电力市场机制本身的调节作用。其中：丹麦受益于发达的北欧电力市场；德国也受益于欧洲大陆电网的整体互联，以及邻国的水电和抽水蓄能电站；西班牙通过其自身相当比例的水电和联合循环等快速调节机组应对大规模风电的波动，并且还要求在电网调峰困难时，风电场要根据调度指令参与系统调峰，同时西班牙电网可以在系统紧急情况下限制风电出力，并且不给予补偿（但若在既定发电计划中限制了风电出力，则要给予补偿）；美国电力市场中的风电调度运行主要涉及发电计划、不平衡结算、辅助服务、风能预测、容量计算和容量确认6个方面。

我国在21世纪初经历了风电的高速发展，2007年7月，国家电力监管委员会颁布了《电网企业全额收购可再生能源电力监管办法》，明确了可再生能源全额收购的地位。2007年8月，国家发展和改革委员会等四部委颁布《节能发电调度办法（试行）》，明确了优先调度可再生发电资源的原则。2010年4月1日，《可再生能源法（修正案）》实施，其中最显著的变化是由原来的“全额收购”改成“全额保障性收购制度”，即电网企业应全额收购其电网覆盖范围内符合并网技术标准的可再生能源并网发电项目的上网电量。另外，实施经济调度，实现综合节能减排效益和社会、经济效益的系统最优，在确保电力系统运行安全的前提下，结合节能调度政策，应协调考虑风电上网对电力系统增加的各种影响和成本合理平衡的目标：①电力系统运行成本最小化（反映电力企业经济利益）；②风电场平均风电上网电量最大化（反映风电项目经济利益）；③所有风电上网总电量最大化（反映社会经济效益）。

5. 合理引用高耗能电力负荷

风电直接应用于高耗能产业的领域主要有：以电解铝为重点的有色金属工业，盐化工氯碱产业、大规模海水淡化、以非金属为原料的精深加工产业链，以及电动车、规模化电解制氢等。此外，结合风电基地所在区域的工业结构和工业规划，因地制宜地选择如钢铁、石化、晶硅等高耗能负荷应用调峰后的打捆风电也可大规模消纳风电。

6. 加深政策落实与统一协调

为了落实各项措施，《通知》指出，要着力保障重点地区的风电消纳，弃风限电较严重的地区在问题解决前原则上不再扩大风电建设规模。要加强风电基地配套送出通道建设，电网企业要根据风电基地建设规划，认真建设风电基地配套送出通道，不断完善网架结构，扩大风能资源配置范围，提高电网消纳风电的能力。要大力推动分散风能资源的开发建设，各相关省（自治区、直辖市）要在科学规划的基础上，以本地电网就近消纳为原则，合理确定项目建设规模和时序，不断完善风电开发建设的技术标准，协调项目建设与环境保护、水土保持等的关系，充分发挥风电节能减排和环境保护的重要作用。针对风电规模较大的内蒙古、黑龙江、吉林、河北、辽宁、甘肃、宁夏和新疆等地，要进一步优化和创新本地电网的运行管理机制，统筹协调系统内调峰电源配置，协调风电、光伏发电等清洁能源与传统化石能源发电之间的调度次序，深入挖掘系统调峰潜力，确保风电等清洁能源优先上网和全额收购。对已列入核准计划或国家重点规划的风电基地项目，电网企业要积极开展接入系统设计和评审工作，原则上应在核准计划下发当年出具所列项目的并网承诺函，避免因电力配套设施建设滞后导致的弃风限电。

在改革与协调的共同作用下，近年来，我国的电源结构得到了进一步的优化。我国风电不仅需要集合丰富的电源种类，采取打捆消纳和送出，建设调节性能好的储能型电源，还需要做好风电预测、完善风电并网技术标准和风电消纳政策以及加强电网建设和运行调度管理，从而保证风电的大规模消纳与输送。

总体来看，大规模风电发展到今天，风电的消纳和输送是一个需要解决的关键问题。目前，世界风电消纳和输送的途径主要有：风电与其他电源配合消纳和输送；电力存储。这两个途径都是针对风电的波动性，其中与其他电源配合消纳与输送可以减低风电波动，提高输送效率，打捆后电力稳定并网；投入电力储存可以适应风电波动，起到削峰填谷的作用，如抽水蓄能电站和电动汽车等。由此可见，丰富的电源种类和开发更多高效储能设备是未来发展的趋势。

1.4 风电功率预测

随着风电的迅猛发展，风力发电量占总耗电量的比例在迅速上升，在某些地区甚至超过了电网的基荷。这表明，风电将成为电力供应和系统供需平衡的不可缺少的重要组成部分。然而，风电与天气状况紧密相关，很难确定某时刻的发电量是多少，风电的这种随机性和波动性给电力系统总体平衡计划的制订带来了很大困难，也增加了电力系统功率调度与控制的难度。因此，并网风电的“不确定、波动大”会对传统电网带来一系列的不利影响，导致其所谓的“不受欢迎”。当今，风电已作为电网不可缺少的电源，积极采用风电场风电功率预测是减小风电场并网对电力系统不利影响的最重要的措施之一，同时也是未来实现风电场功率可调度的基础工作之一。

风电场风电功率预测是以风电场的历史风速、功率、地形地貌、天气预报和风力发电机运行状态等数据为基础，并考虑实时风速、功率和未来天气预报结果确定未来风电场功率输出的技术。

风电场风电功率预测实际包括两个方面：①风电场建设前期的出力预测，常称其为风电场风能资源评估和风电场选址工作；②风电场建设完成、投运发电之后的风电功率预测，对于电网运行人员更关心的是这方面的工作。

根据预测结果实际应用的具体需求和预测时间尺度的不同，风电场风电功率预测又可分为中长期预测、短期预测和超短期预测。中长期风电功率预测时间为数周或者数月；短期预测时间一般为24h或72h以内，也称为天前预测；超短期预测时间尺度为15min～4（或6）h。更长时间内的风功率波动预测常与风电场或电网的检修维护计划有关；小时时间尺度以上的预报可用于电力系统的功率平衡和调度、合理安排机组发电计划、解决电网调峰问题、电力市场交易等，降低系统运行成本；分钟时间尺度的预报可用于风力发电及系统控制、实时调度、解决电网调频问题等。

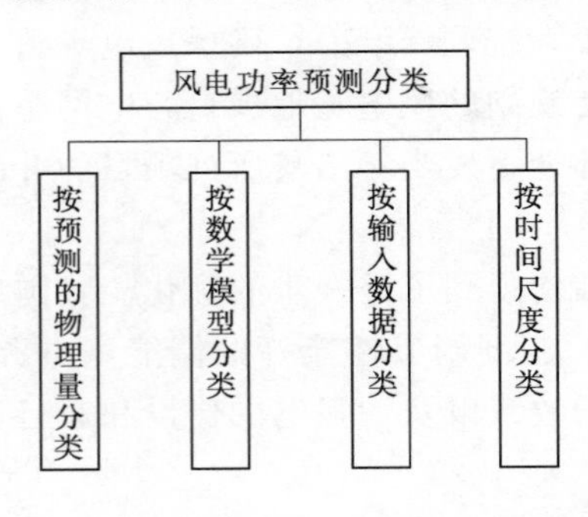

图1-27　风电功率预测方法分类

风电功率预测的分类有很多，常见的分类方式如图1-27所示。其中：①按照预测的物理量可分为预测风速、输出功率，再由风功率曲线得到风电功率的预测值和直接预测输出功率；②按照数学模型可分为持续预测、时间序列模型预测、卡尔曼滤波法和神经网络的智能方法预测；③按照输入数据可分为不采用数值天气预报（Numerical Weather Prediction，NWP）法和采用数值天气预报法；④按照时间尺度可分为超短期预测、短期预测和中长期预测。按时间尺度分类普遍被大家认可，预测结果广泛地直接应用于电力系统调度部门。

1.4.1　风电功率预测方法

风功率预测的基本方法主要可以分为两种方法：一种是根据数值天气预报的数据计算风电场的输出功率的物理预测方法；另一种是根据数值天气预报与风电场功率输出的关系、在线实测的数据进行预测的统计预测方法。另外还可采用物理方法和统计方法都采用的综（组）合方法。

1. 物理预测方法

物理预测方法是应用大气边界层动力学与边界层气象的理论将数值天气预报数据精细化为风电场实际地形、地貌条件下的风力发电机组轮毂高度的风速、风向，考虑尾流影响后，再将预测风速应用于风力发电机组的功率曲线，由此得出风力发电机组的预测功率，最后，对所有风力发电机组的预测功率综和，得到整个风电场的预测功率。其目的就是能够较为准确地估算出轮毂高度处的气象信息，从而为风功率预测作基础。

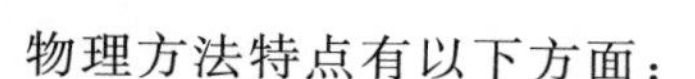

物理方法特点有以下方面：

(1) 不需要风电场历史功率数据的支持，适用于新建风电场。

(2) 可以对每一个大气过程进行详细的分析，并根据分析结果优化预测模型。

(3) 对由错误的初始信息所引起的系统误差非常敏感。

(4) 计算过程复杂、技术门槛较高。

2. 统计预测方法

统计预测方法是基于“学习算法”(如神经网络方法、支持向量机、模糊逻辑方法等)，通过一种或多种算法建立数值天气预报数据、历史数据和实时数据与测得的风电场历史输出功率数据之间的联系，再根据输入输出关系，对风电场输出功率进行预测。

统计预测方法可以利用数值气象预报数据，也可以不利用数值气象预报数据。不利用数值气象预报数据的统计预测模型可以在超前3～4h的超短期预测中取得满意的效果，但对于中长期预测，精度较低。利用数值气象预报数据的统计预测方法可以通过两种方法提高预测精度：一种方法是将数值气象预报数据和其他气象数据一起作为预测模型的输入样本，对预测模型进行训练；另一种方法是利用数值气象预报数据对初始的统计预测结果进行校正。同理，利用实时数据的修正也可以提高预报精度，特别是对于短期和超短期的预测效果更好。

统计预测方法特点有以下方面：

(1) 在数据完备的情况下，理论上可以使预测误差达到最小值。

(2) 定期进行模型再训练，预测精度可持续提高。

(3) 需要大量历史数据的支持，不适用于新建风电场，对历史数据变化规律的一致性有很高的要求。

(4) 统计预测方法的建模过程带有“黑箱”性。

1.4.2 风电功率预测系统与实践

丹麦、德国等一些西方国家对风能开发利用较早，风力发电技术成熟度较高。在20世纪70—80年代，相继开发了如WAsP、Meso-Map、WindFarmer以及SiteWind等风能资源评估软件或系统，在风电场微观选址和风能资源评估方面获得了应用。WAsP还可应用于复杂地形风电场发电量预测。

我国风能资源丰富区主要分布在“三北地区”(东北、西北和华北)，以及东南沿海岸线的陆上、离海岸线距离3～5km的范围内。另外，我国风电场多建于远离负荷的地区，接入电网的末端，网架薄弱，属于大规模集中上网。且天气、地理条件和并网条件与国外差异很大，除了需要进一步考虑低温、沙尘暴等极端天气条件外，电网条件还往往成为制约风能资源开发利用的限制条件。因此，在风能评估和风电场选址方面不同于一些西方国家。目前，我国还没有成熟的风能资源评估和风电场选址软件或系统，因此，风能精细评估和风电场微观选址成为了建设风电场前期的重要工作。

近年来，国内外学者在风电场风电功率预测方法上进行了深入研究，提出了许多改进办法。其中，对短期预测研究较多，例如基于智能算法的风电场风速预测方法和模型，考虑多影响因素的BP神经网络风速预测模型等，这些研究成果的应用有效地提高了风电功率预测的精度和准确度。

我国甘肃电网风电功率预测系统作为国家电网公司智能电网试点工程，已于2011年8月通过验收并投入运行。该系统目前提供甘肃酒泉千万千瓦级风电基地内27座风电场（装机394.5万kW）的风电功率短期、超短期预测结果。通过此系统，调度部门可以根据系统0～72h短期风电功率预测和0～4h超短期风电功率预测结果安排合理的运行方式和备用容量。

第 2 章　风力发电机组与风电并网

2.1　风力发电机组分类、结构和特性

2.1.1　分类

风力发电机组形式各样，其分类的方法也有多种。一般有按照风力发电机组主轴的方向、桨叶片数量、风力发电机组叶片相对于塔架的位置、风力发电机组的额定容量、功率调节方式、叶轮转速是否恒定、发电机的类型分类等 7 种分类方法[1]。

1. 按照风力发电机组主轴的方向分类

(1) 水平轴风力发电机组。旋转轴与叶片垂直，处于水平方向的风力发电机组，如图 2-1 所示。它具有叶片旋转空间大、转速高等特点，适合于大型风力发电机组。

(2) 垂直轴风力发电机组。旋转轴与叶片平行，处于垂直方向的风力发电机组，如图 2-2 所示。它具有叶片转动空间小，抗风能力强，启动风速小，维护保养简单的特点。相比于水平轴风力发电机组，它具有两大优势：①同等风速条件下，垂直轴风力发电机组发电效率更高，特别是在低风速地区；②在高风速地区，垂直轴风力发电机组要比水平轴风力发电机组更加安全稳定。

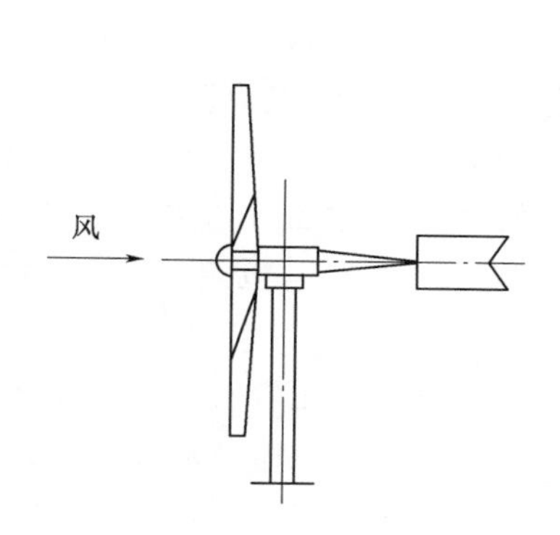

图 2-1　水平轴风力发电机组

图 2-2　垂直轴风力发电机组

2. 按照桨叶片数量分类

按照桨叶片数量可分为单叶片、双叶片、三叶片以及多叶片风力发电机组，如图 2-3 所示。

3. 按照风力发电机组叶片相对于塔架的位置分类

(1) 上风向风力发电机组。一般需要某种调向装置来保持叶片迎风。

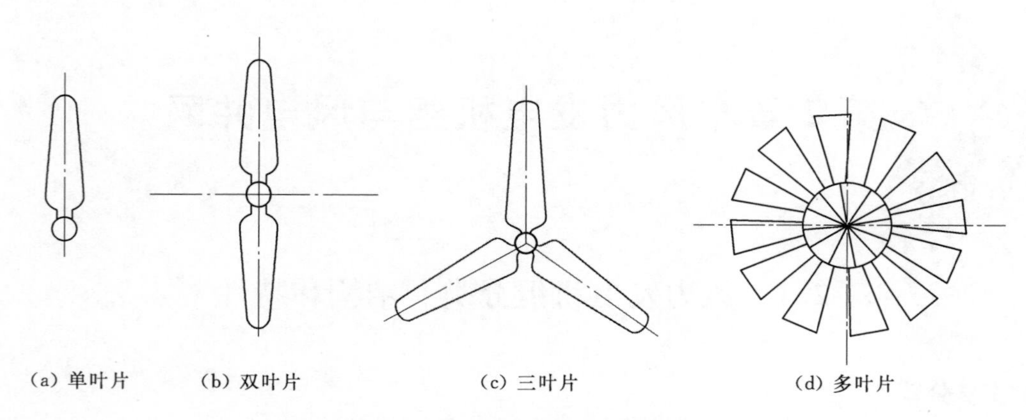

图2-3　不同叶片数量的风力发电机组

（2）下风向风力发电机组。能够自动对准风向，从而免除了调向装置，但由于一部分空气需要通过塔架后再吹向叶片，这样，塔架就干扰了流过叶片的气流而形成所谓的塔影效应，使性能有所降低。

4. 按照风力发电机组的额定容量分类

按照风力发电机组的额定容量可分为微型（1kW以下）、小型（1～10kW）、中型（10～100kW）、大型（100～1000kW）、巨型（1000kW及以上）风力发电机组。

5. 按照功率调节方式分类

（1）定桨距失速风力发电机组。桨叶与轮毂的连接是固定的，当风速变化时，桨叶的迎风角不能随之变化。该类型机组结构简单、性能可靠，适用于小型风力发电机组。

（2）变桨距风力发电机组。叶片可以绕中心轴旋转，使叶片攻角可在一定范围内调节变化，其性能相比于定桨距型机组要提高很多，但结构复杂，现多用于大型风力发电机组。

（3）主动失速型风力发电机组。将定桨距失速调节与变桨距调节两种设计方式相结合，充分吸取了被动失速和变桨距调节的优点。其中桨叶设计采用失速特性，功率调节系统采用变桨距调节。当风力发电机组发出的功率超过额定功率后，桨距角主动向失速方向调节，即把桨距角向负的方向调节，限制风力发电机组输出的功率在额定值附近。

（4）独立变桨距风力发电机组。由于兆瓦级风力机叶片比较大，一般长达几十米甚至上百米，所以扫风面上的风速并不均匀，由此会产生叶片的扭矩波动并影响到风力发电机组传动机构的机械应力及疲劳寿命。通过对三个叶片进行独立控制，可以大大减小风力发电机组叶片负载的波动及转矩的波动，进而减小传动机构与齿轮箱的疲劳度，减小塔架的振动，输出功率也基本能够恒定在额定功率附近。

6. 按照叶轮转速是否恒定分类

（1）恒速风力发电机组。其优点为设计简单可靠、造价低、维护量少，其缺点是发电效率低，结构载荷高，并网时会给电网造成电网波动，并需要从电网吸收无功功率。

（2）变速风力发电机组。发电效率高，机械应力小，功率波动小，其缺点是功率对电

压降敏感，电气设备价格高，维护量大，目前主要用于大容量风力发电机组。

7. 根据发电机的类型分类

(1) 鼠笼式异步发电机。转子为笼型，结构简单可靠、廉价，易于接入电网，一般在小、中型风力发电机组中得到大量使用。

(2) 绕线式双馈异步发电机。转子为线绕型，定子与电网直接连接输送电能，同时绕线式转子也经过变频器控制向电网输送有功或无功功率。

(3) 直驱永磁同步发电机。转子为铁氧体材料制造的永磁体磁极，通常为低速多级式，不用外界激磁，简化了发电机结构，并由风轮直接驱动，转速较低，省略了增速齿轮箱，可增加风力发电机组的可靠性和寿命。

2.1.2 结构和特性

本部分将对恒速恒频与变速恒频两种类型的普通异步风力发电机组、双馈感应风力发电机组、直驱永磁同步风力发电机组等三种有代表性的风力发电机组结构与特性进行介绍。

1. 普通异步风力发电机组

如图 2-4 所示为普通异步风力发电机组的结构图，由于风力机叶片转速较低，而异步发电机转速较高，因此需要在风力机与异步发电机转轴之间增加齿轮箱，以达到与异步发电机相匹配的转速。另外发电机的定子绕组直接与电网相连，则定子绕组频率与电网频率相同，而异步发电机的转差 s 的绝对值仅为 2%～5%，也就意味着风力机的转速在很小的范围内变化，因而被称为恒速风力发电机组。

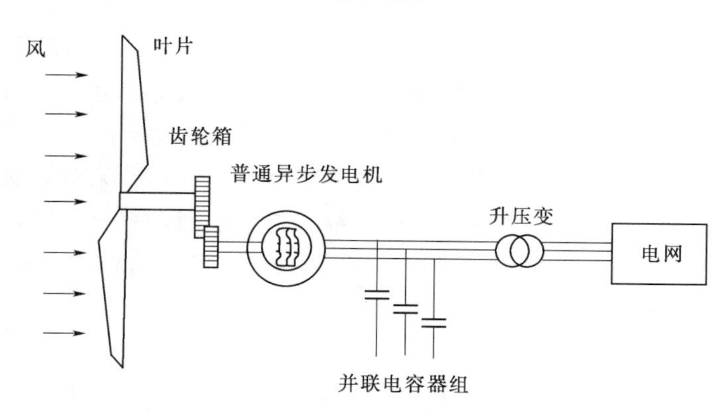

图 2-4　普通异步风力发电机组结构

普通异步风力发电机组的主要优点是机械结构简单、效率高、维修成本低、很耐用而且稳定，其主要缺点是有功功率、无功功率、端电压和转子速度的关系单一。也就是说，普通异步风力发电机组发出的有功功率的增加，是以无功功率消耗的增加为代价，这就导致了相对较低的满负荷功率因数。为了减少从电网吸收的无功功率，普通异步风力发电机一般需要配备补偿电容器组来增加发电机的励磁电流，来提高整个风力发电系统的功率因数。此外，普通异步风力发电机组由于转速基本恒定，无法抑制因风速变化、传动轴倾斜

度的变化以及叶片的桨距角变化而引起的功率波动，容易引起电网电压的闪变，严重影响电网的电能质量。

2. 双馈感应风力发电机组

双馈感应风力发电机（Double Fed Induction Generator，DFIG），是一种绕线式感应异步发电机。如图 2-5 所示，其定子绕组直接与电网连接，转子绕组则没有直接与电网连接，而是通过集电环和变流器与电网连接。其中变流器可以按照控制的要求调节转子电流的频率、幅值、相位，从而实现双馈异步风力发电机组的变速恒频技术。

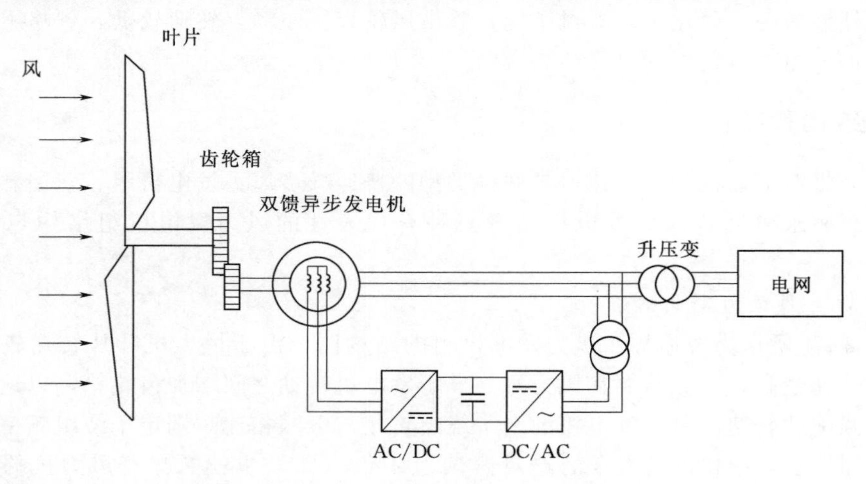

图 2-5　双馈异步风力发电机组结构

这种风力发电机组的最大优点是可以实现能量的双向流动。流过转子电路的功率是由发电机转速运行范围所决定的。而双馈异步风力发电机组的转速运行范围一般在同步转速的±30%内变化，所以转子电路中的转差功率仅为定子额定功率的一小部分，变流器所需的容量也可大大减小。而且双馈异步风力发电机组可实现有功、无功解耦控制，并能够在较宽转速范围内跟踪风速的变化进行最大风能捕获追踪控制，充分利用风能。目前双馈异步风力发电机组已经得到广泛应用，有资料表明，2010 年我国新增风电机组中，双馈异步风力发电机组仍占到 77%的比例。

3. 直驱永磁同步风力发电机组

图 2-6 为直驱永磁同步风力发电机组的结构图，由于其发电机采用多级永磁交流发电机，从而可以省略齿轮箱，而由叶片转动轴直接驱动，故名“直驱”。另外发电机定子与电网直接通过变频器连接，因此发电机所发出的全部功率都需要通过变频器来进行变换，即“全功率变换”，所以对于大容量风电系统而言，采用直驱永磁同步风力发电机组，其变流器的容量需求则显著增加。

直驱永磁同步风力发电机组的主要特点如下：

（1）凸级永磁发电机具有较高的运行可靠性与稳定性。

（2）在电网侧采用 PWM 逆变器可输出恒定频率和电压的三相交流电，对电网波动的适应性好。

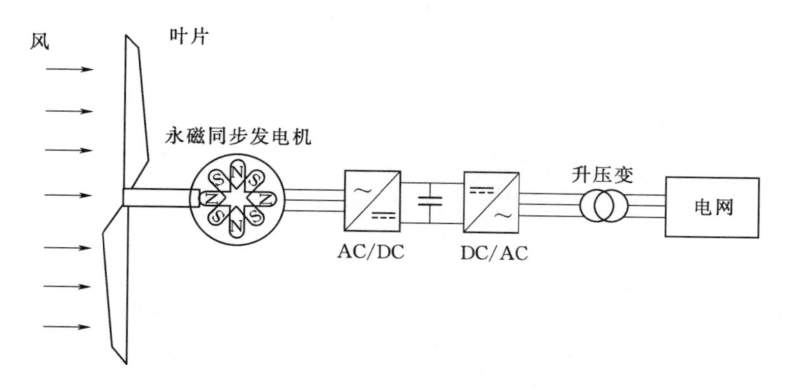

图 2-6 直驱永磁同步风力发电机组结构

(3) 永磁发电机和全容量变流器成本高。

(4) 永磁发电机存在定位转矩，风力发电机组启动困难。

2.2 风力发电机组的模型和并网控制

风力发电机组由机械系统和电气系统组成，其中机械系统主要包括风力机、传动链和变桨距系统，电气系统主要包括发电机和变流器。

2.2.1 机械系统模型

2.2.1.1 风力机空气动力学模型

风力机是风力发电机组捕获风能的首要部件。它能够将叶片扫过面积内的空气动能转换为机械能，相当于传统发电系统的原动机。由空气动力学原理可推导，单位时间内风力机输入的空气动能为

$$P_w = \frac{1}{2}\rho A v_w^3 \tag{2-1}$$

式中 ρ——空气密度；

A——叶片扫过的面积；

v_w——风速。

空气动能不能完全被风力机吸收并转换为机械能。通常定义风能的利用系数 C_p 为

$$C_p = \frac{P_m}{P_w} \tag{2-2}$$

式中 P_m——风力机捕获的机械功率；

P_w——单位时间内风力机扫过面积内的空气动能。

根据著名的贝茨理论，风能利用系数最大理论上限值为 $C_p=0.593$，在当前技术条件下，现代风力机的 $C_p=0.2\sim0.5$。

定义风力机叶尖线速度与风速之比为叶尖速比，即

$$\lambda=\frac{\omega R}{v_{\mathrm{w}}} \tag{2-3}$$

式中　ω——叶片旋转角速度；

R——叶片半径。

空气动力学的理论分析和风洞试验的测试结果均表明，风能利用系数 C_{p} 与风力机叶尖速比 λ 以及叶片桨距角 β 之间存在非线性关系，即

$$C_{\mathrm{p}}=C_{\mathrm{p}}(\beta,\lambda) \tag{2-4}$$

式（2-4）的非线性函数主要依赖于风力机的空气动力学特性，如图 2-7 所示为典型风力机空气动力学机械特性曲线，从图中曲线可以发现以下特性：

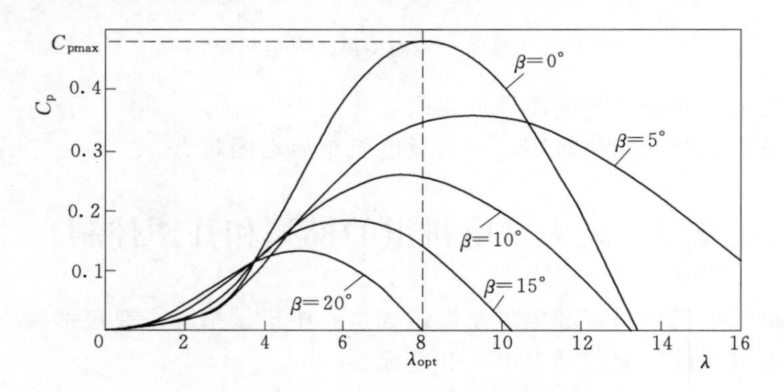

图 2-7　典型风力机空气动力学机械特性曲线

（1）当桨距角固定在最优位置时（一般为 $\beta=0°$），风能利用系数总存在一个最大点，即风能利用系数最大值 C_{pmax}，此时对应的叶尖速比称为最优叶尖速比 λ_{opt}。通常实现风力发电机组最大功率跟踪控制，其实质就是当桨距角固定在最优位置时，控制风力机转速使叶尖速比维持在最优值。

（2）风能利用系数 C_{p} 随着桨距角 β 增大而不断减小，因此可以通过调节桨距角来限制风能捕获。所以在高风速时风力发电机组常采用变桨距控制来维持输出功率恒定在额定功率附近。

2.2.1.2　风力发电机组传动链模型

如图 2-8 所示，风力发电机组的传动链一般由风力机的轮毂、主轴、齿轮箱、发电机轴等组成[2]。在直驱风力发电机组结构中，由于采用了多级低速发电机，风力机轮毂直接与发电机轴相连，不需要变速齿轮箱。

风力发电机组传动链由多个机械部件同轴相连。采用齿轮箱耦合的风力发电机组，由于风力机与发电机的转动惯量相差较大，传动链轴系之间存在柔性连接。对于采用多级低速主轴的直驱风力发电机组，由于发电机传动轴的等效刚性与其极对数成反比，其传动轴的柔性也较大。因此建立风力发电机组传动轴模型时，应该根据具体需要建立三质块、双质块、单质块传动轴模型。

1. 三质块模型

如图 2-9 所示，将风力机、齿轮箱和发电机转子分别看作三个质块，风力发电机组

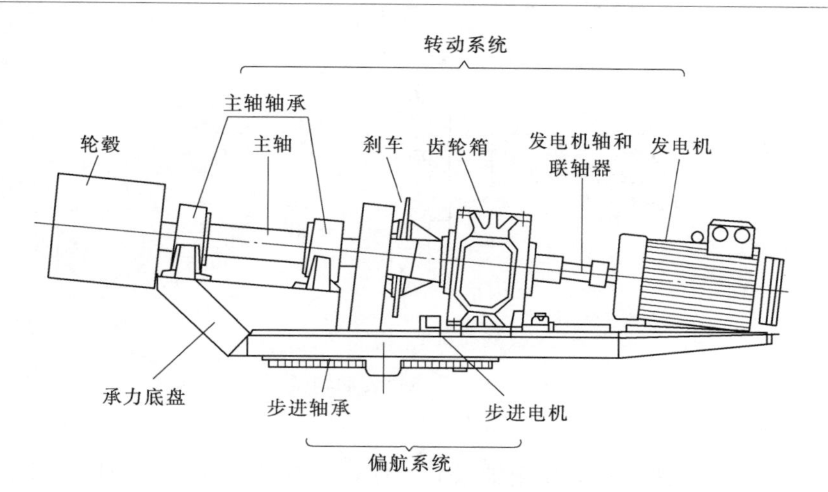

图 2-8　风力发电机组传动链一般结构

传动轴可以采用三质块弹簧模型来描述，即

$$
\left.\begin{aligned}
&J_{\mathrm{WT}}\frac{\mathrm{d}\omega_{\mathrm{WT}}}{\mathrm{d}t}=T_{\mathrm{WT}}-K_{\mathrm{sWT}}(\theta_{\mathrm{WT}}-\theta_{\mathrm{a}})-D_{\mathrm{WT}}\omega_{\mathrm{WT}}\\
&J_{\mathrm{a}}\frac{\mathrm{d}\omega_{\mathrm{a}}}{\mathrm{d}t}=T_{\mathrm{a}}-K_{\mathrm{sWT}}(\theta_{\mathrm{a}}-\theta_{\mathrm{WT}})-D_{\mathrm{WT}}\omega_{\mathrm{a}}\\
&J_{\mathrm{b}}\frac{\mathrm{d}\omega_{\mathrm{b}}}{\mathrm{d}t}=T_{\mathrm{b}}-K_{\mathrm{sWT}}(\theta_{\mathrm{a}}-\theta_{\mathrm{WT}})-D_{\mathrm{WT}}\omega_{\mathrm{a}}\\
&J_{\mathrm{G}}\frac{\mathrm{d}\omega_{\mathrm{R}}}{\mathrm{d}t}=T_{\mathrm{e}}-D_{\mathrm{G}}\omega_{\mathrm{R}}-K_{\mathrm{sG}}(\theta_{\mathrm{G}}-\theta_{\mathrm{b}})\\
&\frac{\mathrm{d}\theta_{\mathrm{WT}}}{\mathrm{d}t}=\omega_{\mathrm{WT}}\\
&\frac{\mathrm{d}\theta_{\mathrm{a}}}{\mathrm{d}t}=\omega_{\mathrm{a}}\\
&\frac{\mathrm{d}\theta_{\mathrm{b}}}{\mathrm{d}t}=\omega_{\mathrm{b}}\\
&\frac{\mathrm{d}\theta_{\mathrm{G}}}{\mathrm{d}t}=\omega_{\mathrm{R}}\\
&\omega_{\mathrm{b}}=K_{\mathrm{g}}\omega_{\mathrm{a}}
\end{aligned}\right\}\tag{2-5}
$$

式中　J_{WT}、J_{G}——风力机叶片和发电机转子转动惯量；

J_{a}、J_{b}——齿轮箱低速轴和高速轴的转动惯量；

ω_{WT}、ω_{R}、ω_{a}、ω_{b}——风力机、发电机转子、齿轮箱低速轴和高速轴的机械角速度；

T_{WT}、T_{e}——风力机机械转矩和发电机电磁转矩；

T_{a}、T_{b}——齿轮箱输入和输出转矩；

D_{WT}、D_{G}——风力发电机组的阻尼系数；

θ_{WT}、θ_{a}、θ_{b}、θ_{G}——风力机、齿轮箱低速轴、齿轮箱高速轴和发电机的位置角；

K_{sWT}、K_{sG}——风力机轴的刚性系数和传动轴的刚性系数；

K_{g}——齿轮箱变比。

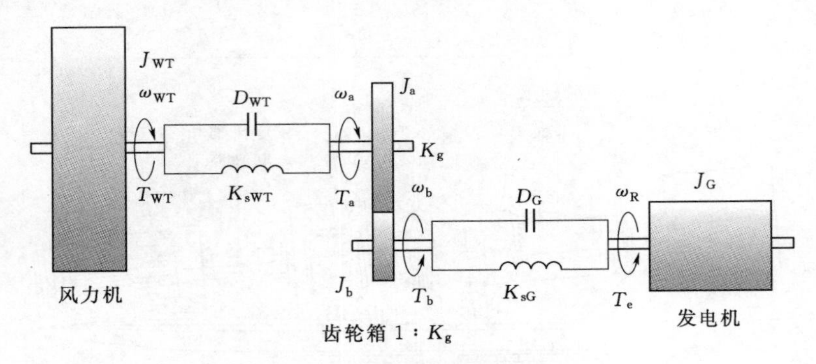

图 2-9　三质块传动轴模型

2. 双质块模型

若忽略风力机、低速轴和齿轮箱轴系的柔性，将其转动惯量及刚度折算到高速轴侧，则可以将传动轴的三质块传动轴模型简化为双质块传动轴模型，如图 2-10 所示。

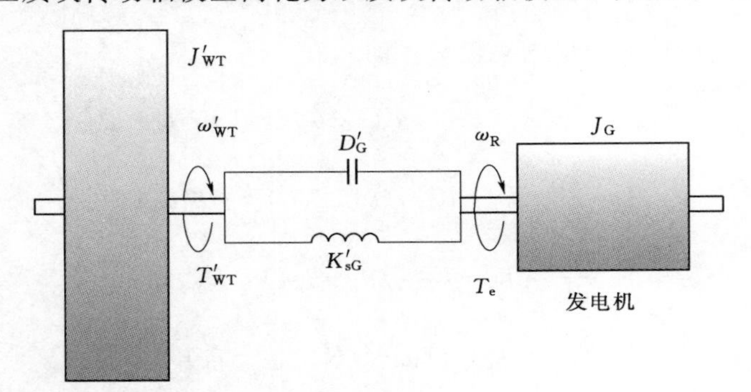

图 2-10　双质块传动轴模型

双质块传动轴动态数学模型可表达为

$$\left.\begin{aligned}
&J'_{WT}\frac{d\omega'_{WT}}{dt}=T'_{WT}-K'_{sG}(\theta'_{WT}-\theta_G)-D'_G(\omega'_{WT}-\omega_R)\\
&J_G\frac{d\omega_R}{dt}=-T_e+K'_{sG}(\theta_G-\theta'_{WT})+D'_G(\omega_R-\omega'_{WT})\\
&\frac{d\theta'_{WT}}{dt}=\omega'_{WT}\\
&\frac{d\theta_G}{dt}=\omega_R
\end{aligned}\right\}\tag{2-6}$$

其中

$$J'_{WT}=\frac{J_{WT}}{K_g^2}$$

$$\omega'_{WT}=K_g\omega_{WT}$$

$$T'_{WT}=\frac{T_{WT}}{K_g^2}$$

$$\frac{1}{K'_{sG}}=\frac{K_g^2}{K_{sWT}}+\frac{1}{K_{sG}}$$

$$\frac{1}{D'_G}=\frac{K_g^2}{D_{WT}}+\frac{1}{D_G}$$

式中 J'_{WT}——风力机折算到高速轴的等效转子惯量；

ω'_{WT}——风力机折算到高速轴的等效机械转速；

T'_{WT}——风力机折算到高速轴的等效机械转矩；

K'_{sG}——传动轴的等效刚性系数；

θ'_{WT}——风力机轴的等效扭角；

D'_G——风力发电机组等效阻尼系数。

3. 单质块模型

进一步忽略高速轴和发电机转子轴系的柔性，将传动链所有轴系组件的转动惯量和刚度折算到发电机转子侧，则可以简化为单质块传动轴模型，如图 2-11 所示。

集总单质块传动轴模型为

$$J_L \frac{d\omega_R}{dt} = T'_{WT} - T_e - D_L\omega_R \tag{2-7}$$

式中 J_L——包含风力机、传动轴、发电机在内总等效转动惯量；

T'_{WT}、T_e——机械转矩、发电机电磁转矩；

D_L——风力发电机组总阻尼。

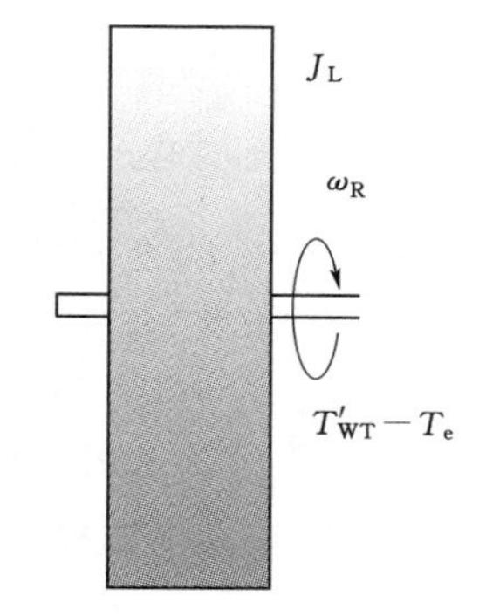

风力机+低速轴+齿轮箱+高速轴+发电机转子

图 2-11 单质块传动轴模型

在上述传动轴模型中，单质块模型最为简单，常用于研究风电系统的功率控制和动态响应等基本特性；三质块模型最为精确，但较复杂，实际建模时很少采用；双质块模型则常用于分析电压故障下风电场和电力系统的暂态稳定性，因为在此类研究中，采用双质块模型与三质块模型得到的结果非常接近。

2.2.1.3 桨距角控制模型

大型风电系统的变桨距机构一般采用液压或电动方式驱动。对于传统风力发电机组，其所有叶片均采用一套变桨距机构同时调节。而最新研制的大型风力发电机组已采用了独立变桨距控制技术，各叶片均装有独自的变桨距执行机构。

图 2-12 为桨距角控制框图。

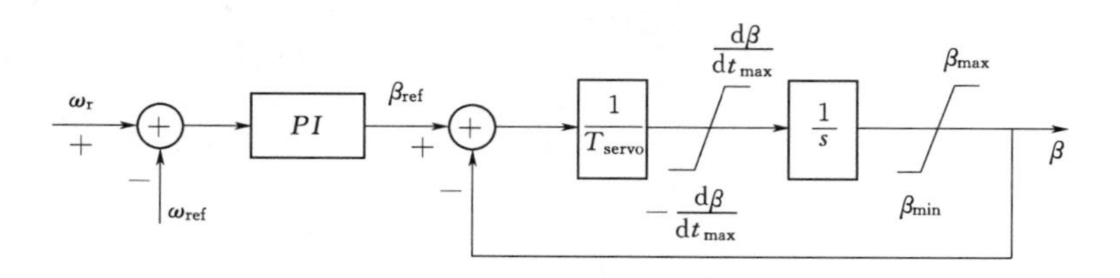

图 2-12 桨距角控制器

ω_{ref}—设定的参考转速；T_{servo}—桨距角执行机构响应时间常数；$\frac{d\beta}{dt_{max}}$—桨距角最大变化率；$\beta_{min}\sim\beta_{max}$—桨距角变化范围

从图 2-12 中可以看出桨距角执行机构可以用具有饱和环节的一阶惯性环节来描述[3]，即

$$\left.\begin{aligned}&\frac{\mathrm{d}\beta}{\mathrm{d}t}=\frac{1}{T_{\mathrm{servo}}}(\beta_{\mathrm{ref}}-\beta)\\&\frac{\mathrm{d}\beta}{\mathrm{d}t}\leqslant\frac{\mathrm{d}\beta}{\mathrm{d}t_{\max}}\\&\beta_{\min}\leqslant\beta\leqslant\beta_{\max}\end{aligned}\right\}\tag{2-8}$$

式中　$\frac{\mathrm{d}\beta}{\mathrm{d}t_{\max}}$——一般取 10°/s；

$\beta_{\min}\sim\beta_{\max}$——一般取 0°～30°。

2.2.2　电气系统模型

风力发电机组中的发电机一般采用异步发电机和同步发电机。异步发电机包括鼠笼异步发电机、双馈感应发电机；同步风力发风电机主要包括电励磁同步发电机和直驱永磁同步发电机。本部分主要详细介绍普通鼠笼异步发电机、双馈感应发电机、直驱永磁同步发电机的模型以及变流器并网控制模型。

2.2.2.1　鼠笼异步发电机模型

1. 稳态模型

如图 2-13 所示为鼠笼异步风力发电机单相 T 形稳态等效电路，图中电压电流用其稳态相量$\dot{U}$、$\dot{I}$表示。根据图 2-13，可以得出异步发电机稳态模型为

$$\left.\begin{aligned}&\dot{U}_{\mathrm{s}}=-(R_{\mathrm{s}}+\mathrm{j}\omega_1L_{\mathrm{s}})\dot{I}_{\mathrm{s}}-\mathrm{j}\omega_1L_{\mathrm{m}}(\dot{I}_{\mathrm{s}}+\dot{I}_{\mathrm{r}})\\&\dot{I}_{\mathrm{m}}\mathrm{j}\omega_1L_{\mathrm{m}}+\dot{I}_{\mathrm{r}}R_{\mathrm{r}}\frac{1-s}{s}+\dot{I}_{\mathrm{r}}R_{\mathrm{r}}\mathrm{j}\omega_1L_{\mathrm{r}}=0\end{aligned}\right\}\tag{2-9}$$

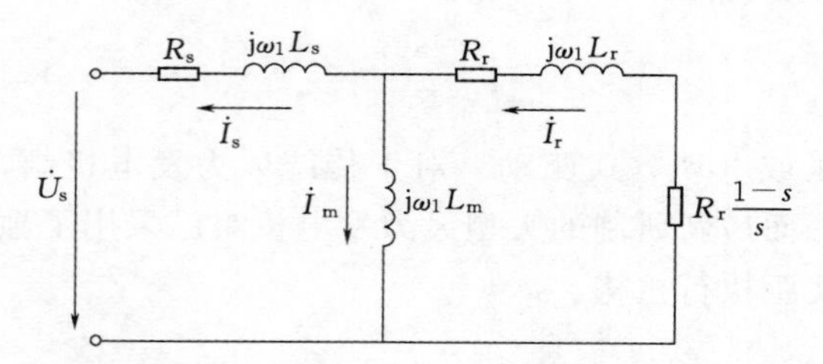

图 2-13　鼠笼异步发电机单相 T 形稳态等效电路

式中　$\dot{U}_{\mathrm{s}}$、$\dot{I}_{\mathrm{s}}$——定子电压、电流；

$\dot{I}_{\mathrm{r}}$——转子电流；

R_{s}、R_{r}——定子电阻、转子电阻；

$\dot{I}_{\mathrm{m}}$——励磁电流；

L_{m}——定子与转子之间的互感。

假设电机的同步转速为 n_{s}，转子实际转速为 n，定义转差率为

$$s=\frac{n_{\mathrm{s}}-n}{n_{\mathrm{s}}}\tag{2-10}$$

异步发电机输出的有功功率、无功功率分别为

$$P_{\mathrm{s}}=\mathrm{Re}[\dot{U}_{\mathrm{s}}\ \dot{I}_{\mathrm{s}}]=\mathrm{Re}\left[\frac{U_{\mathrm{s}}^2}{Z}\right]\tag{2-11}$$

$$Q_{\mathrm{s}}=\mathrm{Im}[\dot{U}_{\mathrm{s}}\ \dot{I}_{\mathrm{s}}]=\mathrm{Im}\left[\frac{U_{\mathrm{s}}^2}{Z}\right]\tag{2-12}$$

其中
$$Z=R_{\mathrm{s}}+\mathrm{j}\omega_1L_{\mathrm{s}}+\frac{\mathrm{j}\omega_1L_{\mathrm{m}}\left(\frac{R_{\mathrm{r}}}{s}+\mathrm{j}\omega_1L_{\mathrm{r}}\right)}{\frac{R_{\mathrm{r}}}{s}+\mathrm{j}\omega_1(L_{\mathrm{m}}+L_{\mathrm{r}})}$$

2. 动态模型

在建立普通鼠笼异步风力发电机数学模型前，需要进行以下必要的假设：

(1) 忽略铁磁材料饱和、磁滞和涡流的影响以及铁磁材料和线路中的集肤效应。

(2) 定子的三相绕组结构相同，且空间位置彼此相差120°，发电机气隙中产生正弦分布的磁势。

(3) 转子为具有光滑表面的圆柱形，气隙均匀，不计齿槽的影响。

在同步旋转坐标 dq 坐标系中鼠笼异步发电机的定子电压方程为

$$\left.\begin{aligned}u_{ds}&=\frac{d\psi_{ds}}{dt}-\omega_1\psi_{qs}+R_s i_{ds}\\u_{qs}&=\frac{d\psi_{qs}}{dt}+\omega_1\psi_{ds}+R_s i_{qs}\end{aligned}\right\}\tag{2-13}$$

式中 ω_1——同步旋转转速；

u_{ds}、u_{qs}——定子电压在 d 轴、q 轴的分量；

ψ_{ds}、ψ_{qs}——定子磁链在 d 轴、q 轴的分量；

i_{ds}、i_{qs}——定子电流在 d 轴、q 轴的分量。

由于励磁电流为零，因此转子电压方程为

$$\left.\begin{aligned}0&=\frac{d\psi_{dr}}{dt}+R_r i_{dr}-s\omega_1\psi_{qr}\\0&=\frac{d\psi_{qr}}{dt}+R_r i_{qr}-s\omega_1\psi_{dr}\end{aligned}\right\}\tag{2-14}$$

定子磁链方程为

$$\left.\begin{aligned}\psi_{ds}&=(L_s+L_m)i_{ds}+L_m i_{dr}\\\psi_{qs}&=(L_s+L_m)i_{qs}+L_m i_{qr}\end{aligned}\right\}\tag{2-15}$$

式中 L_s——定子电感。

转子磁链方程为

$$\left.\begin{aligned}\psi_{dr}&=L_m i_{ds}+(L_r+L_m)i_{dr}\\\psi_{qr}&=L_m i_{qs}+(L_r+L_m)i_{qr}\end{aligned}\right\}\tag{2-16}$$

式中 L_r——转子电感；

L_m——励磁电感。

由式（2-16）可得

$$i_{dr}=\frac{\psi_{dr}-L_m i_{ds}}{L_r+L_m}\tag{2-17}$$

由于 $E'_q=\frac{L_m}{L_r+L_m}\psi_{dr}$，$E'_d=-\frac{L_m}{L_r+L_m}\psi_{qr}$，同时令 $l=L_s+L_m$、$l'=L_s+\frac{L_rL_m}{L_r+L_m}$ 分别为鼠笼异步发电机的同步电感、暂态电感，则有

$$\left.\begin{aligned}\frac{d\psi_{dr}}{dt}&=\frac{L_r+L_m}{L_m}\frac{dE'_q}{dt}\\\frac{d\psi_{qr}}{dt}&=-\frac{L_r+L_m}{L_m}\frac{dE'_d}{dt}\end{aligned}\right\}\tag{2-18}$$

再将式（2-18）代入式（2-14）可得

$$\left.\begin{aligned}\psi_{ds}&=-l'i_{ds}+E'_q\\ \psi_{qs}&=-l'i_{qs}+E'_d\end{aligned}\right\}\tag{2-19}$$

将式（2-16）、式（2-18）代入式（2-14）可得

$$\left.\begin{aligned}T'_{d0}\frac{dE'_q}{dt}+s\omega_1E'_dT'_{d0}&=-L_mi_{dr}\\ -T'_{d0}\frac{dE'_d}{dt}+s\omega_1E'_qT'_{d0}&=-L_mi_{qr}\end{aligned}\right\}\tag{2-20}$$

式中　T'_{d0}——定子绕组开路时间常数。

忽略定子绕组暂态过程，即$\frac{d\psi_{ds}}{dt}=0$、$\frac{d\psi_{qs}}{dt}=0$，根据式（2-13），可得

$$\left.\begin{aligned}\frac{dE'_d}{dt}&=-\frac{\omega_1}{T'_{d0}}E'_d-\frac{\omega_1}{T'_{d0}}j\omega_1(l-l')i_{qs}+s\omega_1E'_q\\ \frac{dE'_q}{dt}&=-\frac{\omega_1}{T'_{d0}}E'_q+\frac{\omega_1}{T'_{d0}}j\omega_1(l-l')i_{ds}-s\omega_1E'_d\end{aligned}\right\}\tag{2-21}$$

由式（2-21）可以得到鼠笼异步发电机的暂态等效电路，如图2-14所示。

电磁转矩方程为

$$T_e=E'_di_{ds}+E'_qi_{qs}\tag{2-22}$$

式（2-21）和式（2-22）就构成了鼠笼异步发电机的动态数学模型。

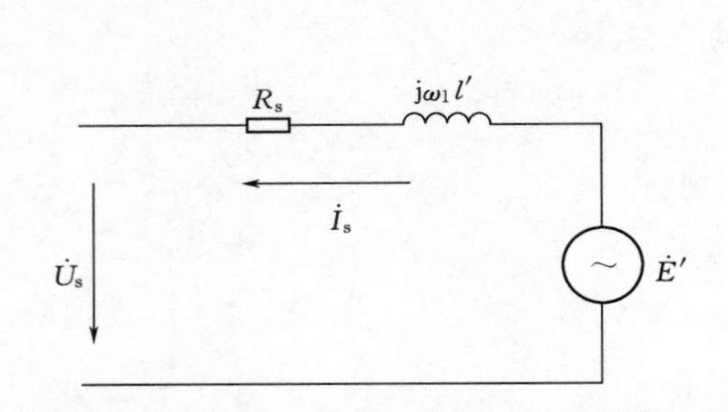

图2-14　鼠笼异步发电机暂态等效电路

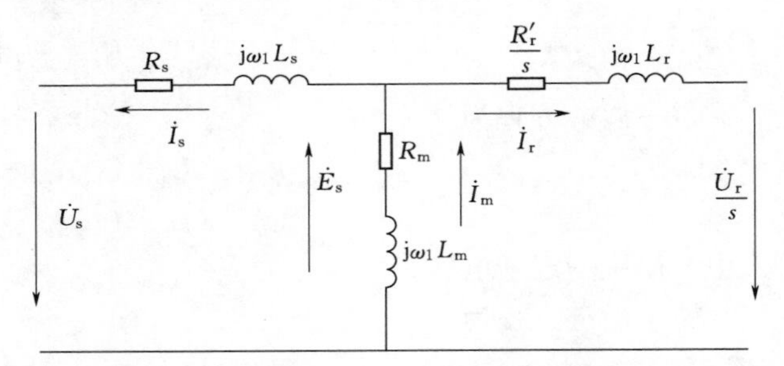

图2-15　双馈感应发电机单相T形等效电路

2.2.2.2　双馈感应发电机

1. 稳态模型

如图2-15所示为双馈感应发电机单相T形等效电路[4]，电路已归算到定子侧。

根据双馈感应发电机的等值电路，可以列写出稳态等效电路方程并画出双馈感应发电机相量图（图2-16）。

$$\left.\begin{aligned}\dot E_s&=-\dot I_m(R_m+j\omega_1L_m)\\ \dot U_s&=\dot E_s-\dot I_s(R_s+j\omega_1L_s)\\ \frac{\dot U_r}{s}&=\dot E_s-\dot I_r\left(\frac{R_r}{s}+j\omega_1L_r\right)\\ \dot I_m&=\dot I_s+\dot I_r\end{aligned}\right\}\tag{2-23}$$

式中　R_s、L_s——定子电阻、漏电感；

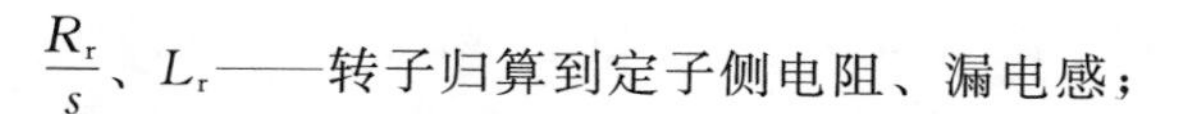

$\frac{R_r}{s}$、L_r——转子归算到定子侧电阻、漏电感；

L_m——激励电感；

$\dot{U}_s$——定子电压；

$\dot{U}_r$——转子归算到定子侧电压；

$\dot{E}_s$——激励电压；

$\dot{I}_s$——定子电流；

$\dot{I}_r$——转子归算到定子侧电流；

$\dot{I}_m$——激励电流；

s——转差率。

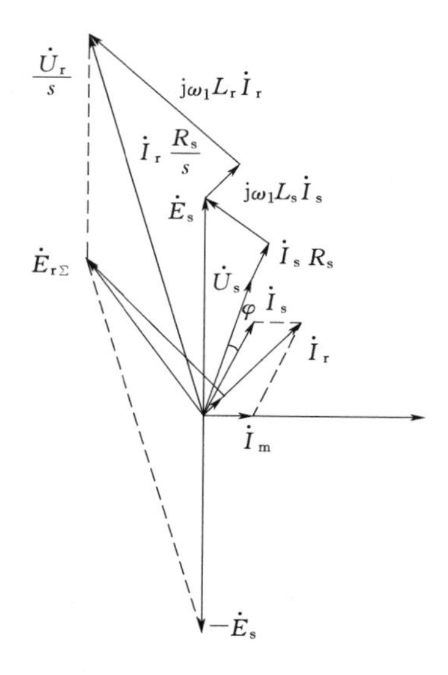

图 2-16 双馈感应发电机相量图

双馈感应发电机定子绕组直接与电网相连，转子通过背靠背变流器与电网相连，且定子侧和转子侧都可以向电网馈送能量。双馈感应发电机稳态运行时，其定子旋转磁场与转子磁场在空间上保持相对静止。

假设风力机轴上输入的净机械功率（扣除功率损耗）为 P_{mec}，发电机定子向电网输出的电磁功率为 P_s，转子吸收的电磁功率为 P_r，又称为转差功率，它们之间的关系为

$$P_r = sP_s \tag{2-24}$$

从式（2-10）可以看出：转子转速小于同步转速时，$s>0$；反之，$s<0$。因此双馈风力发电机组常有以下运行状态：

（1）次同步运行，如图 2-17 所示。$s>0$，$n<n_s$，$P_r>0$。双馈感应发电机从风力机传动轴上吸收机械功率 P_{mec}，定子向电网输送有功功率 P_s，转子通过变流器从电网吸收功率 $|P_r|$。

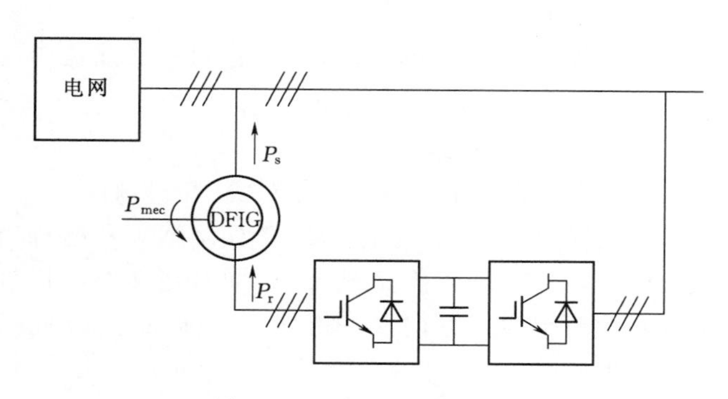

图 2-17 次同步运行发电

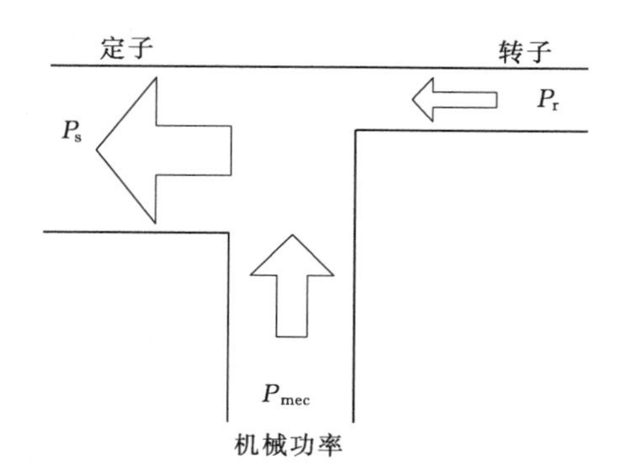

图 2-18 次同步运行功率流向示意图

根据图 2-18 和能量守恒定律，流入的功率等于流出的功率，即

$$P_{mec} + |P_r| = P_s \tag{2-25}$$

由于次同步运行时，$s>0$，式（2-25）可以化为

$$P_{mec} = (1-s)P_s \tag{2-26}$$

(2) 超同步运行，如图 2-19 所示。$s<0$，$n>n_s$，$P_r<0$。双馈感应发电机从风力机传动轴上吸收机械功率 P_{mec}，定子向电网输送有功功率 P_s，转子通过变流器向电网输出功率 $|P_r|$。

同样根据图 2-20 和能量守恒原理，流入的功率等于流出的功率，即

$$P_{mec}=P_s+|P_r| \tag{2-27}$$

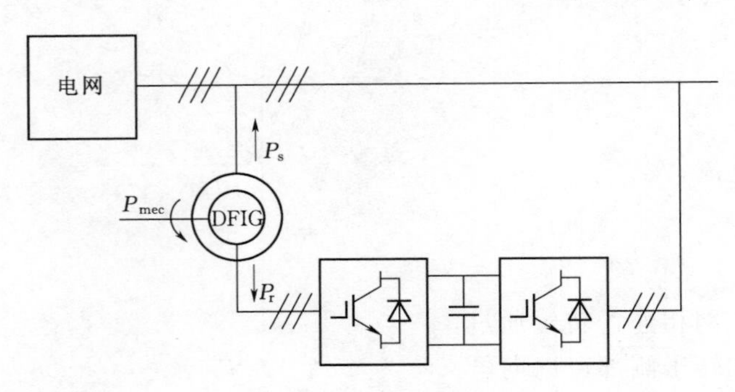

图 2-19　超同步运行发电

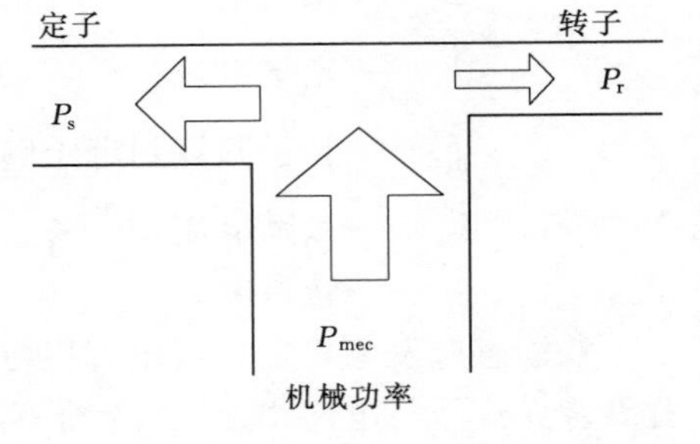

图 2-20　超同步运行功率流向示意图

此时，由于超同步运行，$s<0$，式 (2-27) 可进一步化为

$$P_{mec}=(1-s)P_s \tag{2-28}$$

综合次同步和超同步两种运行状态，根据能量守恒定律，可以得到一般的功率关系式为

$$\left.\begin{array}{l}P_{mec}=(1-s)P_s\\P_r=sP_s\end{array}\right\} \tag{2-29}$$

2. 动态模型

双馈感应发电机的动态模型是一个高阶、非线性、强耦合的多变量系统，为了简化分析，一般先作如下假设[5,6]：

(1) 三相绕组对称，忽略空间谐波，磁势沿气隙圆周按正弦分布。

(2) 忽略磁路饱和，绕组的自感和互感都是线性的。

(3) 忽略铁损耗。

(4) 不考虑频率和温度变化对绕组的影响。

采用 dq 同步旋转坐标，建立双馈感应发电机数学模型，且 q 轴超前 d 轴 90°，同时定义发电机吸收有功功率为正方向。三相静止坐标系与 dq 同步旋转坐标系的空间关系如图 2-21 所示。

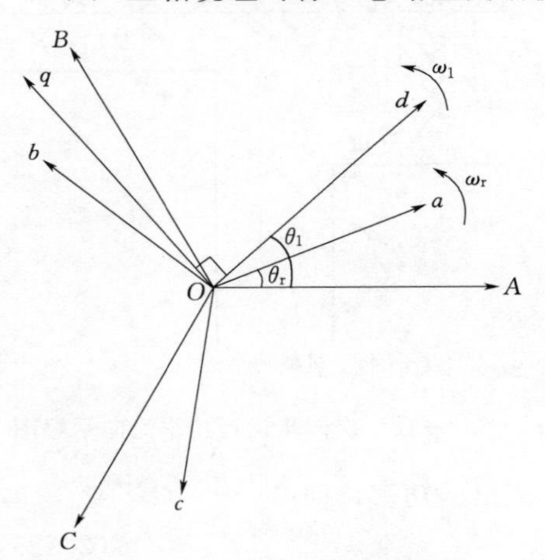

图 2-21　三相静止坐标系与 dq 同步旋转坐标系的空间关系

定子电压方程为

$$\left.\begin{array}{l}u_{ds}=R_s i_{ds}-\omega_1\psi_{qs}+\dfrac{d\psi_{ds}}{dt}\\u_{qs}=R_s i_{qs}+\omega_1\psi_{ds}+\dfrac{d\psi_{qs}}{dt}\end{array}\right\} \tag{2-30}$$

转子电压方程为

$$\left.\begin{aligned} u_{dr} &= R_r i_{dr} - \omega_s \psi_{qr} + \frac{d\psi_{dr}}{dt} \\ u_{qr} &= R_r i_{qr} + \omega_s \psi_{dr} + \frac{d\psi_{qr}}{dt} \end{aligned}\right\} \tag{2-31}$$

定子磁链方程为

$$\left.\begin{aligned} \psi_{ds} &= L_{ss} i_{ds} + L_m i_{dr} \\ \psi_{qs} &= L_{ss} i_{qs} + L_m i_{qr} \\ L_{ss} &= L_s + L_m \end{aligned}\right\} \tag{2-32}$$

转子磁链方程为

$$\left.\begin{aligned} \psi_{dr} &= L_{rr} i_{dr} + L_m i_{ds} \\ \psi_{qr} &= L_{rr} i_{qr} + L_m i_{qs} \\ L_{rr} &= L_r + L_m \end{aligned}\right\} \tag{2-33}$$

电磁转矩方程为

$$T_e = p_n L_m (i_{ds} i_{qr} - i_{qs} i_{dr}) \tag{2-34}$$

式中 u_{ds}、u_{qs}——发电机定子电压的 d 轴、q 轴分量；
i_{ds}、i_{qs}——定子电流的 d 轴、q 轴分量；
R_s——定子电阻；
ψ_{ds}、ψ_{qs}——定子磁链的 d 轴、q 轴分量；
ω_1——同步旋转转速；
u_{dr}、u_{qr}——发电机转子电压的 d 轴、q 轴分量；
i_{dr}、i_{qr}——转子电流的 d 轴、q 轴分量；
R_r——转子电阻；
ψ_{dr}、ψ_{qr}——转子磁链的 d 轴、q 轴分量；
ω_s——转差频率，$\omega_s = s\omega_1$；
s——转差率；
L_s——定子漏感；
L_r——转子漏感；
L_m——定子与转子之间的互感；
T_e——电磁转矩；
p_n——极对数。

可将式（2-33）写为

$$\left.\begin{aligned} i_{dr} &= \frac{\psi_{dr} - L_m i_{ds}}{L_{rr}} \\ i_{qr} &= \frac{\psi_{qr} - L_m i_{qs}}{L_{rr}} \end{aligned}\right\} \tag{2-35}$$

再将式（2-35）代入式（2-31），可得

$$\left.\begin{aligned} u_{dr} &= R_r \left(\frac{\psi_{dr} - L_m i_{ds}}{L_{rr}} \right) - \omega_s \psi_{qr} + \frac{d\psi_{dr}}{dt} \\ u_{qr} &= R_r \left(\frac{\psi_{qr} - L_m i_{qs}}{L_{rr}} \right) + \omega_s \psi_{dr} + \frac{d\psi_{qr}}{dt} \end{aligned}\right\} \tag{2-36}$$

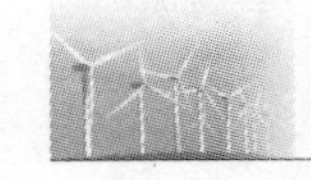

定义暂态电抗电势 d 轴分量 $E'_{\mathrm{d}}=-\dfrac{\omega_1 L_{\mathrm{m}}}{L_{\mathrm{rr}}}\psi_{\mathrm{qr}}$，暂态电抗电势 q 轴分量 $E'_{\mathrm{q}}=\dfrac{\omega_1 L_{\mathrm{m}}}{L_{\mathrm{rr}}}\psi_{\mathrm{dr}}$，定子电感为 L_{ss}，定子暂态电感为 $L'_{\mathrm{s}}=L_{\mathrm{ss}}-\dfrac{L_{\mathrm{m}}^2}{L_{\mathrm{rr}}}$，可得

$$\left.\begin{aligned}\frac{\mathrm{d}E'_{\mathrm{d}}}{\mathrm{d}t}&=\omega_{\mathrm{s}}E'_{\mathrm{q}}-\frac{\omega_1 L_{\mathrm{m}}}{L_{\mathrm{rr}}}u_{\mathrm{qr}}-\frac{\omega_1}{T'_{\mathrm{d0}}}[E'_{\mathrm{d}}+\mathrm{j}\omega_1(L_{\mathrm{ss}}-L'_{\mathrm{s}})i_{\mathrm{qs}}]\\\frac{\mathrm{d}E'_{\mathrm{q}}}{\mathrm{d}t}&=-\omega_{\mathrm{s}}E'_{\mathrm{d}}+\frac{\omega_1 L_{\mathrm{m}}}{L_{\mathrm{rr}}}u_{\mathrm{dr}}-\frac{\omega_1}{T'_{\mathrm{d0}}}[E'_{\mathrm{q}}-\mathrm{j}\omega_1(L_{\mathrm{ss}}-L'_{\mathrm{s}})i_{\mathrm{ds}}]\end{aligned}\right\}\tag{2-37}$$

由式（2－37）可以得到双馈感应发电机的暂态等效电路，其等效电路图形与图 2－14 基本相同。

3. 变流器控制模型

双馈感应发电机组变流器是实现变速恒频交流励磁的核心部件。从实现功率“双馈”的控制要求角度而言，该变流器需具备双向四象限运行的能力，既可以由双馈感应发电机经变流器向电网馈送电能，电网又能向变流器电网侧馈送电能。“四象限运行”具体是指交流励磁电源可以运行于以正阻性、纯电容、负阻性、纯电感这四种典型特性为边界而组成的四个象限内的任何一点[7]，目前使用的如交-交循环变换器、矩阵变换器和交-直-交双 PWM 变换器都可以满足这一要求。其中交-直-交双 PWM 变换器由于开关频率高、谐波小、控制较简单等优点，得到了广泛的应用。

如图 2－22 所示为交-直-交双 PWM 变流器拓扑结构，其主要由网侧变流器、机侧变流器以及中间直流储能环节组成。网侧变流器一侧与电网相连，另一侧则通过直流电容与机侧变流器相连。网侧变流器的主要控制目标是维持直流母线电压稳定，并能够保持单位功率因数，一般采用电网电压定向控制策略；而机侧变流器的主要控制目标是实现有功、无功解耦控制，一般可采用定子磁链定向与定子电压定向（又称虚拟磁链定向）两种控制策略。

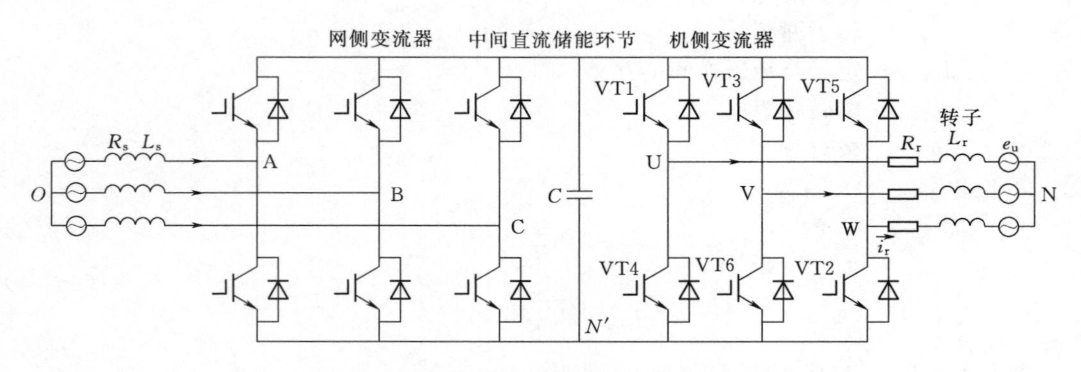

图 2－22 交-直-交双 PWM 变流器典型拓扑结构

（1）变流器网侧控制模型。图 2－23 所示为变流器网侧拓扑结构。根据基尔霍夫电压、电流定律，可以列写出在同步旋转坐标下的数学方程，即

$$\left.\begin{aligned}v_{\mathrm{d}}&=-L\frac{\mathrm{d}i_{\mathrm{dg}}}{\mathrm{d}t}-Ri_{\mathrm{dg}}+\omega_1Li_{\mathrm{qg}}+u_{\mathrm{dg}}\\v_{\mathrm{q}}&=-L\frac{\mathrm{d}i_{\mathrm{qg}}}{\mathrm{d}t}-Ri_{\mathrm{qg}}-\omega_1Li_{\mathrm{dg}}+u_{\mathrm{qg}}\\C\frac{\mathrm{d}u_{\mathrm{dc}}}{\mathrm{d}t}&=i_{\mathrm{d}}-i_{\mathrm{L}}\end{aligned}\right\}\tag{2-38}$$

式中 u_{dg}、u_{qg}——电网电压的 d 轴、q 轴分量；
i_{dg}、i_{qg}——电网侧电流的 d 轴、q 轴分量；
v_{d}、v_{q}——变流器交流侧电压的 d 轴、q 轴分量；
u_{dc}——直流母线电压；
ω_1——同步角速度。

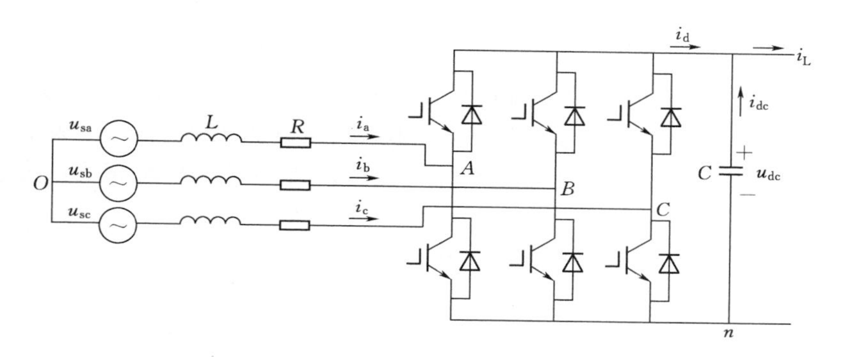

图 2-23 变流器网侧拓扑结构

u_{sa}、u_{sb}、u_{sc}—三相对称电网电压；i_{a}、i_{b}、i_{c}—交流侧输入电流；L、R—线路电感和电阻；C—直流母线滤波电容；i_{dc}—直流母线电流；i_{d}、i_{L}—网侧变流器、机侧变流器经直流母线电流

从式（2-38）可知，PWM 变流器交流侧电压 v_{d}、v_{q} 与输入端 d 轴、q 轴电流分量有关，同时又与电网电压 u_{dg}、u_{qg}有关，即没有完全解耦，其中 ω_1Li_{q}、$-\omega_1Li_{\mathrm{d}}$ 为交叉耦合项，u_{dg}、u_{qg}为电网电压扰动项。可以通过引入相应的电压前馈补偿项消除其扰动的影响。

引入的交叉耦合项和前馈补偿项为

$$\left.\begin{aligned}v_{\mathrm{d}}^{*}&=-v_{\mathrm{d1}}+\omega_1Li_{\mathrm{qg}}+u_{\mathrm{dg}}\\v_{\mathrm{q}}^{*}&=-v_{\mathrm{q1}}-\omega_1Li_{\mathrm{dg}}+u_{\mathrm{qg}}\\v_{\mathrm{d1}}&=\left(k_{\mathrm{p}}+\frac{k_{\mathrm{i}}}{s}\right)(i_{\mathrm{dg}}^{*}-i_{\mathrm{dg}})\\v_{\mathrm{q1}}&=\left(k_{\mathrm{p}}+\frac{k_{\mathrm{i}}}{s}\right)(i_{\mathrm{qg}}^{*}-i_{\mathrm{qg}})\end{aligned}\right\}\tag{2-39}$$

式中 v_{d1}、v_{q1}——经 PI 调节器输出的交流侧电压 d 轴、q 轴分量；
k_{p}、k_{i}——PI 控制器增益系数；
v_{d}^{*}、v_{q}^{*}——PWM 变流器交流侧电压 d 轴、q 轴分量的参考值；
i_{dg}^{*}、i_{qg}^{*}——PWM 变流器交流侧电流 d 轴、q 轴分量参考值。

将式（2-39）的 v_{d}^{*}、v_{q}^{*} 代替式（2-38）中的 v_{d}、v_{q} 可得

$$
\left.\begin{aligned}
L\frac{\mathrm{d}i_{\mathrm{dg}}}{\mathrm{d}t}&=\left(k_{\mathrm{p}}+\frac{k_{\mathrm{i}}}{s}\right)(i_{\mathrm{dg}}^{*}-i_{\mathrm{dg}})-Ri_{\mathrm{dg}}\\
L\frac{\mathrm{d}i_{\mathrm{qg}}}{\mathrm{d}t}&=\left(k_{\mathrm{p}}+\frac{k_{\mathrm{i}}}{s}\right)(i_{\mathrm{qg}}^{*}-i_{\mathrm{qg}})-Ri_{\mathrm{qg}}
\end{aligned}\right\}\tag{2-40}
$$

采用电网电压定向控制策略，即将同步旋转坐标下的 d 轴准确定向于电网电压空间矢量方向上，约束条件为

$$
\left.\begin{aligned}
u_{\mathrm{dg}}&=u_{\mathrm{s}}\\
u_{\mathrm{qg}}&=0
\end{aligned}\right\}\tag{2-41}
$$

则 PWM 变流器网侧向电网馈送（或吸收）的有功功率 P_{g}、无功功率 Q_{g} 分别为

$$
\left.\begin{aligned}
P_{\mathrm{g}}&=\frac{3}{2}(u_{\mathrm{dg}}i_{\mathrm{dg}}+u_{\mathrm{qg}}i_{\mathrm{qg}})=\frac{3}{2}u_{\mathrm{s}}i_{\mathrm{dg}}\\
Q_{\mathrm{g}}&=\frac{3}{2}(u_{\mathrm{qg}}i_{\mathrm{dg}}-u_{\mathrm{dg}}i_{\mathrm{qg}})=-\frac{3}{2}u_{\mathrm{s}}i_{\mathrm{qg}}
\end{aligned}\right\}\tag{2-42}
$$

式（2-42）中，$P_{\mathrm{g}}>0$ 表示变流器工作于整流状态，变流器从电网吸收有功功率；$P_{\mathrm{g}}<0$ 表示变流器工作于逆变状态，变流器向电网馈送有功功率；$Q_{\mathrm{g}}>0$ 表示变流器对于电网呈感性，从电网吸收无功功率；$Q_{\mathrm{g}}<0$ 表示变流器相对于电网呈容性，从电网吸收无功功率。

式（2-41）代入式（2-42）后变形为

$$
\left.\begin{aligned}
v_{\mathrm{d}}^{*}&=-v_{\mathrm{d1}}+\omega_{1}Li_{\mathrm{qg}}+u_{\mathrm{s}}\\
v_{\mathrm{q}}^{*}&=-v_{\mathrm{q1}}-\omega_{1}Li_{\mathrm{dg}}\\
v_{\mathrm{d1}}&=\left(k_{\mathrm{p}}+\frac{k_{\mathrm{i}}}{s}\right)(i_{\mathrm{dg}}^{*}-i_{\mathrm{dg}})\\
v_{\mathrm{q1}}&=\left(k_{\mathrm{p}}+\frac{k_{\mathrm{i}}}{s}\right)(i_{\mathrm{qg}}^{*}-i_{\mathrm{qg}})
\end{aligned}\right\}\tag{2-43}
$$

式（2-43）就是变流器网侧的数学模型，对应的控制框图如图 2-24 所示。

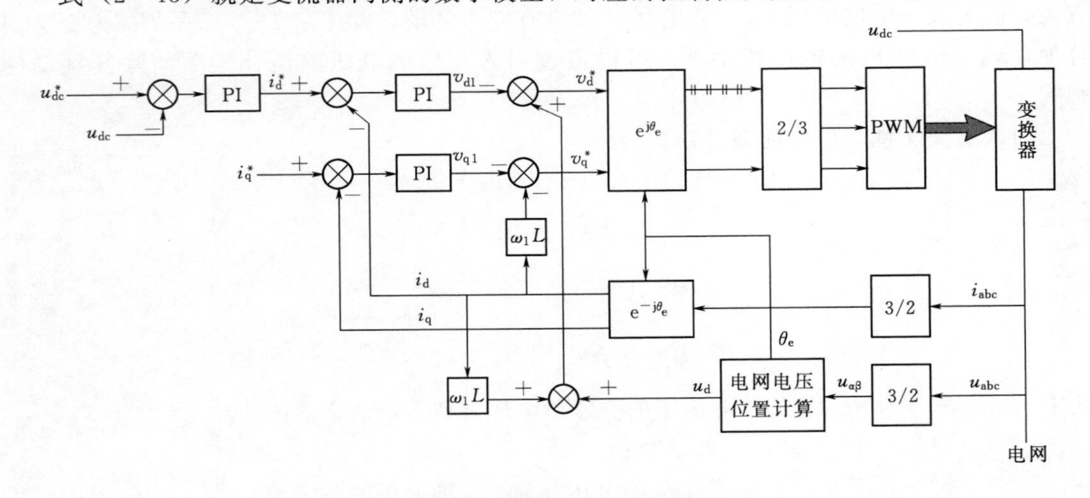

图 2-24　电网侧变流器控制框图

（2）中间直流储能环节模型。PWM 变流器能量交换示意图如图 2-25 所示。

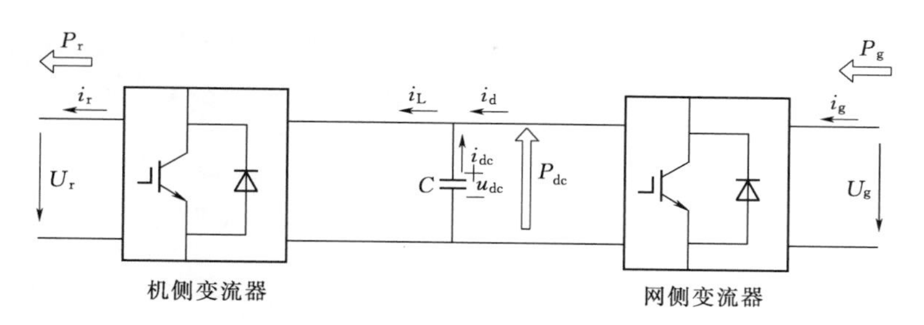

图 2-25 PWM 变流器能量交换示意图

P_g—网侧变流器吸收的有功功率；P_r—机侧变流器向双馈感应发电机的转子提供的励磁功率；i_g—网侧变流器流向直流母线的电流；i_r—直流母线流向机侧变流器的电流；i_{dc}—流入直流母线电容的电流；C—直流母线电容的电容值；u_{dc}—直流母线电压

由于变流器两端的有功功率交换平衡，则按照图中所示电流的正方向，可以列写方程为

$$P_r = P_g + P_{dc} \tag{2-44}$$

其中

$$\left.\begin{aligned} P_r &= u_{dr} i_{dr} + u_{qr} i_{qr} \\ P_g &= u_{dg} i_{dg} + u_{qg} i_{qg} \\ P_{dc} &= u_{dc} i_{dc} = -C u_{dc} \frac{\mathrm{d}u_{dc}}{\mathrm{d}t} \end{aligned}\right\} \tag{2-45}$$

式中 P_{dc}——直流侧电容存储的有功功率。

联立式（2-44）、式（2-45）可得直流侧的模型数学方程为

$$C \frac{\mathrm{d}u_{dc}}{\mathrm{d}t} = (u_{dg} i_{dg} + u_{qg} i_{qg}) - (u_{dr} i_{dr} + u_{qr} i_{qr}) \tag{2-46}$$

（3）机侧变流器控制模型。为了能够实现机侧变流器有功功率、无功功率解耦控制，在双馈感应电机的控制中通常采用基于定子磁链定向或者虚拟磁链定向的控制方法。定子磁链定向是将定子磁链矢量 ψ_s 与两相同步旋转坐标系的 d 轴重合，如图 2-26（a）所示；虚拟磁链定向是将电网电压空间矢量 u_s 定向为同步旋转坐标系的 q 轴，如图 2-26（b）所示。需要指出的是采用定子磁链定向系统的阻尼较小，稳定性不如虚拟磁链定向系统。

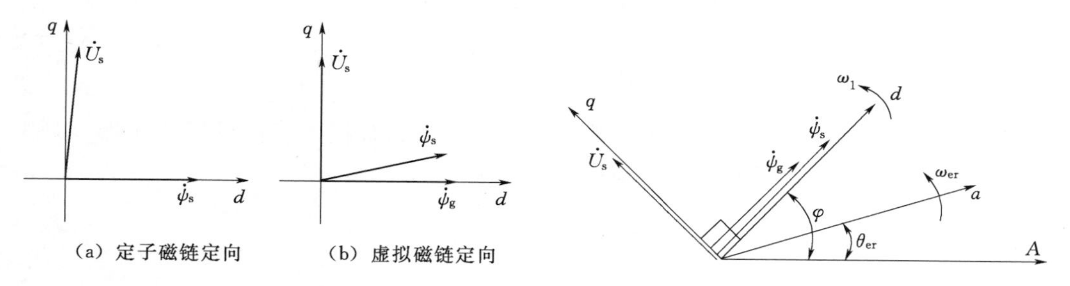

图 2-26 定子磁链定向与虚拟磁链定向空间关系示意图

图 2-27 虚拟磁链定向示意图

本部分主要介绍机侧变流器采用虚拟磁链定向方式下建立的控制系统模型[8]。图2-27 所示为虚拟磁链定向示意图。对于兆瓦级双馈感应电机而言，其定子电阻远小于定子

电感，可以忽略不计，因此定子电压$\dot{U}_s$垂直于定子磁链$\dot{\psi}_s$和$\dot{\psi}_g$，令ω_1为同步旋转电角速度，ω_r为转子旋转角速度，可得定向关系式为

$$\left.\begin{aligned}u_{ds}&=0\\u_{qs}&=U_s\\\psi_{ds}&=\psi_s\\\psi_{qs}&=0\end{aligned}\right\}\tag{2-47}$$

将式（2-47）代入到定子电压方程式（2-30），可得

$$-U_s=\omega_1\psi_s\tag{2-48}$$

将式（2-48）代入转子电压方程式（2-31）中，可得

$$\left.\begin{aligned}\psi_s&=L_{ss}i_{ds}+L_m i_{dr}\\0&=L_{ss}i_{qs}+L_m i_{qr}\end{aligned}\right\}\tag{2-49}$$

联立式（2-48）、式（2-49）得

$$\left.\begin{aligned}i_{ds}&=\frac{1}{L_{ss}}(\psi_s-L_m i_{dr})=-\frac{1}{L_{ss}}\left(\frac{U_s}{\omega_1}+L_m i_{dr}\right)\\i_{qs}&=-\frac{L_m}{L_{ss}}i_{qr}\end{aligned}\right\}\tag{2-50}$$

再将式（2-50）代入式（2-35），可得

$$\left.\begin{aligned}\psi_{dr}&=\frac{L_m}{L_{ss}}\psi_s+\sigma L_{rr}i_{dr}\\\psi_{qr}&=\sigma L_{rr}i_{qr}\end{aligned}\right\}\tag{2-51}$$

其中

$$\sigma=\frac{L_{ss}L_{rr}-L_m^2}{L_{ss}L_{rr}}$$

式中　σ——漏磁系数。

再将式（2-51）代入到转子电压方程式（2-31），可得

$$\left.\begin{aligned}u_{dr}&=R_r i_{dr}+\sigma L_{rr}\frac{di_{dr}}{dt}-\omega_s\sigma L_{rr}i_{qr}\\u_{qr}&=R_r i_{qr}+\sigma L_{rr}\frac{di_{qr}}{dt}+\omega_s\left(\frac{L_m}{L_{ss}}\psi_s+\sigma L_r i_{dr}\right)\end{aligned}\right\}\tag{2-52}$$

根据式（2-52）设计相应的交叉耦合项进行补偿和解耦，使得机侧变流器 d 轴、q 轴分量实现解耦控制，所设计转子电流解耦补偿项为

$$\left.\begin{aligned}u_{dr}^*&=\left(k_{p1}+\frac{k_{i1}}{s}\right)(i_{dr}^*-i_{dr})-\omega_s\delta i_{qs}\\u_{qr}^*&=\left(k_{p1}+\frac{k_{i1}}{s}\right)(i_{qr}^*-i_{qr})+\omega_s\sigma i_{dr}+\omega_s\frac{L_m}{L_{ss}}\psi_s\end{aligned}\right\}\tag{2-53}$$

式中　k_{p1}、k_{i1}——转子变流器 PI 调节器的比例系数、积分系数；

u_{dr}^*、u_{qr}^*——转子电压 d 轴、q 轴分量参考值；

i_{dr}^*、i_{qr}^*——转子电流 d 轴、q 轴分量参考值。

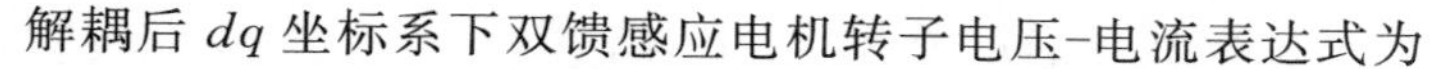

解耦后 dq 坐标系下双馈感应电机转子电压-电流表达式为

$$\left.\begin{aligned}\sigma\frac{\mathrm{d}i_{\mathrm{dr}}}{\mathrm{d}t}&=\left(k_{\mathrm{p1}}+\frac{k_{\mathrm{i1}}}{s}\right)(i_{\mathrm{dr}}^{*}-i_{\mathrm{dr}})-R_{\mathrm{r}}i_{\mathrm{dr}}\\\sigma\frac{\mathrm{d}i_{\mathrm{qr}}}{\mathrm{d}t}&=\left(k_{\mathrm{p1}}+\frac{k_{\mathrm{i1}}}{s}\right)(i_{\mathrm{qr}}^{*}-i_{\mathrm{qr}})-R_{\mathrm{r}}i_{\mathrm{qr}}\end{aligned}\right\}\tag{2-54}$$

机侧变流器控制框图如图 2-28 所示。

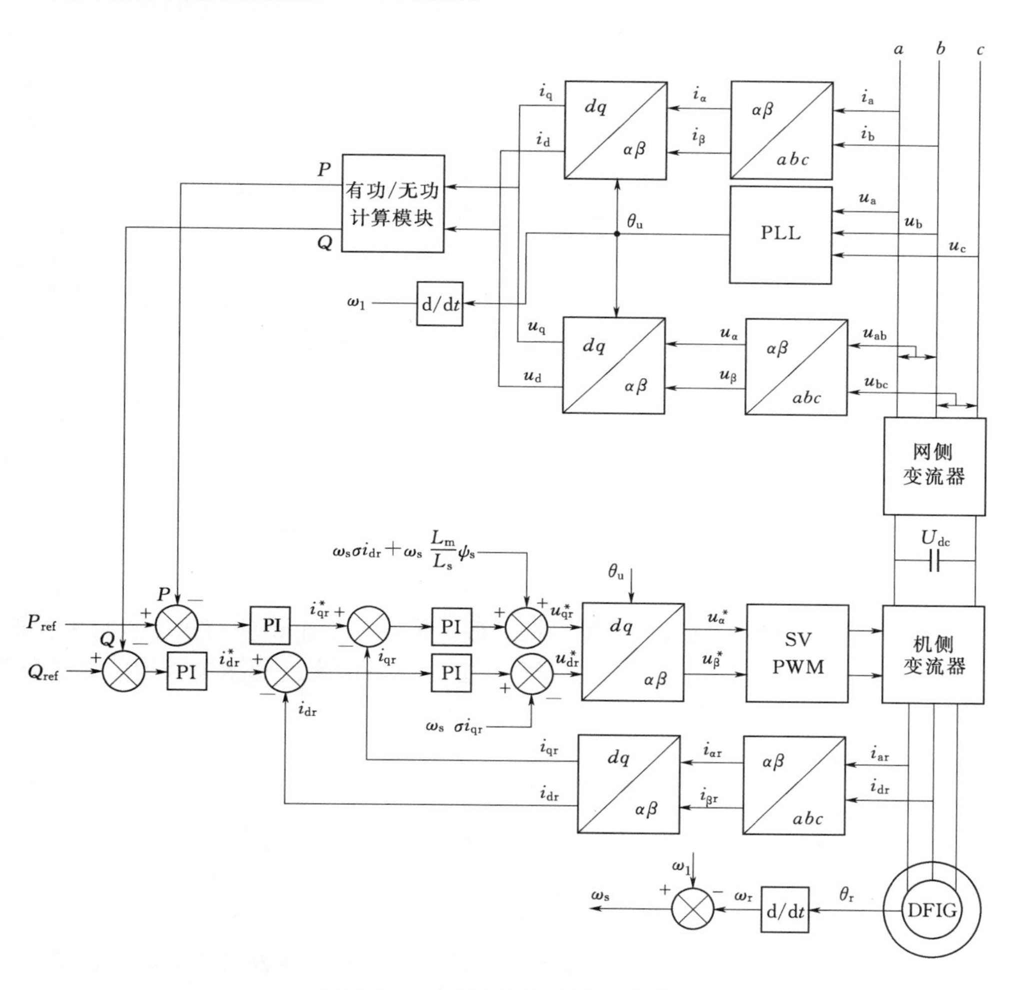

图 2-28　机侧变流器控制框图

2.2.2.3 直驱永磁同步发电机模型

1. 稳态模型

本部分在假设发电机磁路不饱和的情况下用矢量法建立直驱永磁同步发电机的稳态模型，图 2-29 为直驱永磁同步发电机的矢量图。在图 2-29 中，直驱永磁同步发电机的功角为 δ，外功率因数角为 θ，内功率因数角为 ψ，直轴同步电抗 $X_{\mathrm{ds}}=X_{\mathrm{ad}}+X_{\sigma}$，交轴同步电抗 $X_{\mathrm{qs}}=X_{\mathrm{aq}}+X_{\sigma}$，同步电抗 $X_{\mathrm{s}}=X_{\mathrm{a}}+X_{\sigma}$。其中 X_{σ} 为同步发电机定子漏抗。这时的电压平衡式为

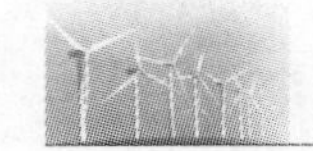

$$\dot{E}_0 = \dot{U}_s + j\dot{I}_{ds} X_{ad} + j\dot{I}_{qs} X_{aq} + \dot{I}_s (R_s + jX_s) \tag{2-55}$$

式中　$\dot{E}_0$——空载电动势；

$\dot{U}_s$——定子电压；

X_{ad}、X_{aq}——直轴和交轴电枢反应电抗；

$\dot{I}_s$——定子电流。

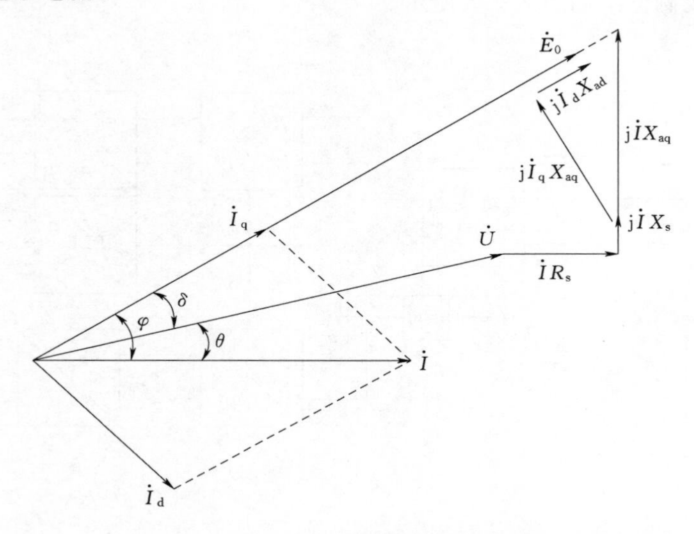

图 2-29　直驱永磁同步发电机矢量图

2. 动态模型

直驱永磁同步发电机与绕线同步发电机类似，但励磁绕组是使用永磁材料来代替的，在大功率风力发电机组中，直驱永磁同步发电机一般采用隐极式磁极结构。为了简化分析，一般对直驱永磁同步发电机模型进行如下假设[8]：

(1) 忽略发电机磁路饱和。

(2) 认为磁路线性。

(3) 忽略发电机的齿槽效应，认为永久磁体的磁场沿气隙周围正弦分布。

(4) 忽略磁滞和涡流效应。

(5) 三相对称平衡系统。

同样也采用同步旋转坐标系（图 2-21）建立直驱永磁同步发电机的数学模型。

定子电压方程为

$$\left.\begin{aligned} u_{ds} &= R_s i_{ds} + \frac{d\psi_{ds}}{dt} - \omega_1 \psi_{qs} \\ u_{qs} &= R_s i_{qs} + \frac{d\psi_{qs}}{dt} + \omega_1 \psi_{ds} \end{aligned}\right\} \tag{2-56}$$

定子磁链方程为

$$\left.\begin{aligned} \psi_{ds} &= L_d i_{ds} + \psi_f \\ \psi_{qs} &= L_q i_{qs} \end{aligned}\right\} \tag{2-57}$$

电磁转矩方程为

$$T_e = 1.5p_n(\psi_{ds}i_{qs} - \psi_{qs}i_{ds}) \tag{2-58}$$

式中 u_{ds}、u_{qs}——定子电压的 d 轴、q 轴分量；

i_{ds}、i_{qs}——定子电流的 d 轴、q 轴分量，并以电动方向为正方向；

L_d、L_q——d 轴、q 轴同步电感，认为恒定；

ψ_{ds}、ψ_{qs}——定子磁链的 d 轴、q 轴分量；

ψ_f——转子磁链，认为恒定；

T_e——电磁转矩；

p_n——极对数。

联立式（2-56）、式（2-57）可得直驱永磁同步发电机电压方程为

$$\left.\begin{aligned} u_{qs} &= R_s i_{qs} + L_q \frac{di_{qs}}{dt} + \omega_1 L_d i_{ds} + \omega_1 \psi_f \\ u_{ds} &= R_s i_{ds} + L_d \frac{di_{ds}}{dt} - \omega_1 L_q i_{qs} \end{aligned}\right\} \tag{2-59}$$

再联立式（2-57）、式（2-58）可得电磁转矩方程，即

$$T_e = 1.5p_n[\psi_f i_{qs} + (L_d - L_q)i_{ds}i_{qs}] \tag{2-60}$$

由式（2-59）的电压方程可以得到在 dq 同步旋转坐标轴系下的等效电路，如图 2-30 所示。

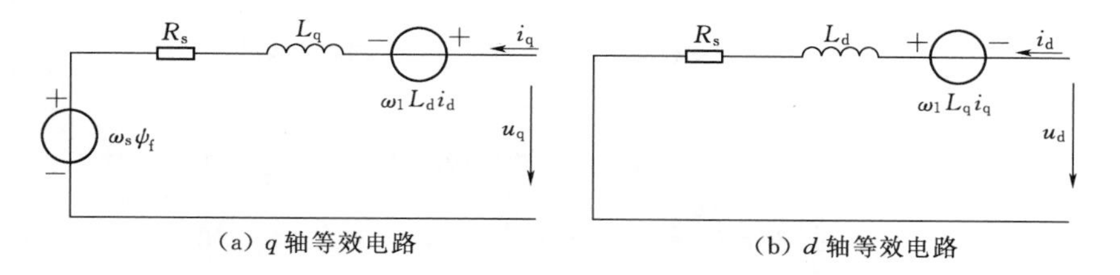

(a) q 轴等效电路　　(b) d 轴等效电路

图 2-30 直驱永磁同步发电机等值电路

式（2-59）、式（2-60）共同构建了直驱永磁同步发电机的动态模型，也是研究全变流器控制策略的基础。

3. 全功率变流器数学模型

直驱永磁同步发电机组采用两个结构完全相同的三相 PWM 整流器和逆变器构成背靠背全功率变频器。图 2-31 所示为全功率变频器简化结构图及其等效电路图，主要由机侧变频器、平波电感、网侧变频器和直流环节（DC-link）组成，其中电力电子组件采用绝缘栅双极型晶体管（IGBT）。

（1）机侧变流器控制模型。与双馈感应发电机组机侧变流器控制类似，直驱永磁同步发电机组机侧变流器也需采用解耦控制。从式（2-60）可以看出，直驱永磁同步发电机的电磁转矩 T_e 与电流 i_d、i_q 是相关的，若能控制 d 轴电流 $i_d=0$，让定子电流合成矢量全部落在 q 轴上，则电磁转矩可以转化为

$$T_e = 1.5n_p\psi_f i_q \tag{2-61}$$

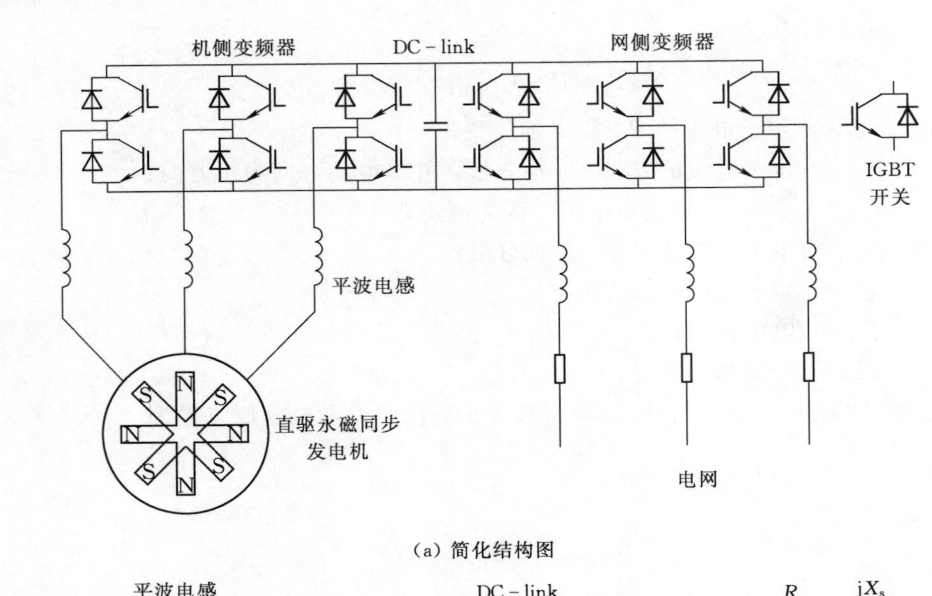

(a) 简化结构图

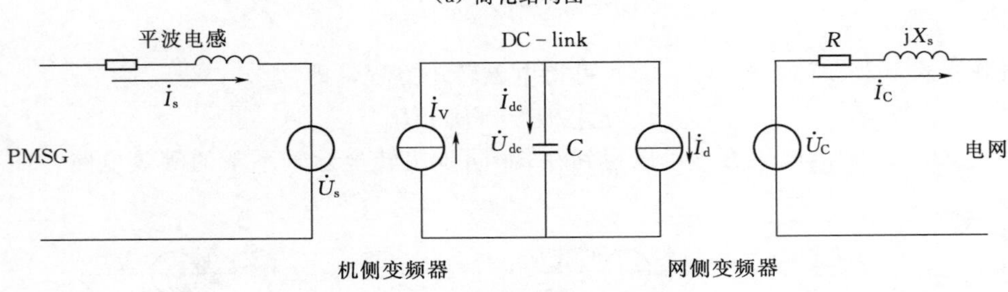

(b) 等效电路图

图 2-31　全功率变频器的简化结构图及其等效电路图

即电磁转矩 T_e 只与 q 轴电流 i_q 有关，而由转子运动方程式可知，直驱永磁发电机的转子转速 n_p 与电磁转矩 T_e 是相关的，所以控制转速就可以获得 q 轴电流参考值 i_q^*。再根据电压方程式（2-59）可知，u_d 和 u_q 之间存在耦合项 $\omega_1 L_q i_q$ 和 $\omega_1 L_d i_d$，两者之间的耦合可以采用前馈补偿的方法予以消除，即

$$\left.\begin{aligned} u_{qs} &= R_s i_{qs} + k_p \frac{t_i s+1}{t_i s}(i_{qs}^* - i_{qs}) + \Delta u_{qs} \\ u_{ds} &= R_s i_{ds} + k_p \frac{t_i s+1}{t_i s}(i_{ds}^* - i_{ds}) + \Delta u_{ds} \end{aligned}\right\} \tag{2-62}$$

其中

$$\left.\begin{aligned} \Delta u_{ds} &= -\omega_1 L_q i_q \\ \Delta u_{qs} &= \omega_1 L_d i_d + \omega_1 \psi_f \end{aligned}\right\} \tag{2-63}$$

式中　k_p、t_i——PI 控制器的比例系数、积分系数。

所以可以作出图 2-32 所示的机侧变流器控制框图，其控制目标是发电机转速跟踪目标参考转速 ω_r^*，同时控制 d 轴电流为 0，使得发电机的损耗最小。

（2）直流环节数学模型。直驱永磁同步发电机组的变流器直流环节如图 2-33 所示。

直驱永磁同步发电机组直流环节的数学模型可以表达为

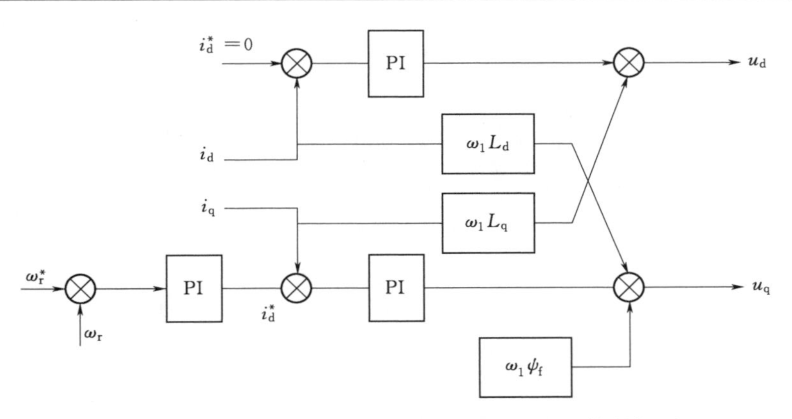

图 2-32 直驱永磁同步发电机组机侧变流器控制框图

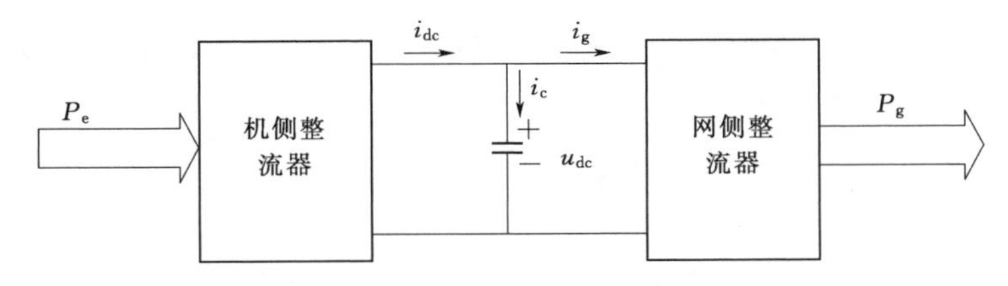

图 2-33 全功率变流器直流环节示意图

P_e—发电机输出瞬时有功功率；P_g—网侧吸收瞬时有功功率；i_{dc}—直流侧电流；i_c—流入电容的电流；i_g—网侧电流；u_{dc}—直流母线电压

$$\left.\begin{aligned} i_c&=\frac{du_{dc}}{dt}=i_{dc}-i_g\\ P_e&=u_{dc}i_{dc}\\ P_g&=u_{dc}i_g \end{aligned}\right\} \tag{2-64}$$

为了使功率能够从全功率变流器的机侧几乎无损失地传递到网侧，就必须保证 $P_e=P_g$，即 $i_{dc}\approx i_g$，$\frac{du_{dc}}{dt}\approx 0$。因此需要直流母线工作在稳定的电压环境下，这也是网侧变流器的控制目标。

(3) 网侧变流器控制模型。直驱永磁同步发电机组网侧逆变器控制框图如图 2-34 所示，其控制目标为保证直流母线电压恒定并且保证网侧电流为正弦，即功率因数为 1。

网侧变流器输送给电网的有功功率和无功功率分别为

$$\left.\begin{aligned} P&=\frac{3}{2}(e_d i_d+e_q i_q)\\ Q&=\frac{3}{2}(e_q i_d-e_d i_q) \end{aligned}\right\} \tag{2-65}$$

把同步坐标系下的 d 轴定向在电网电压合成矢量 e_s 上，则有 $e_d=e_s$，$e_q=0$，再代入式 (2-65)，可以写为

$$\left.\begin{aligned} P&=\frac{3}{2}e_s i_d\\ Q&=-\frac{3}{2}e_s i_q \end{aligned}\right\} \tag{2-66}$$

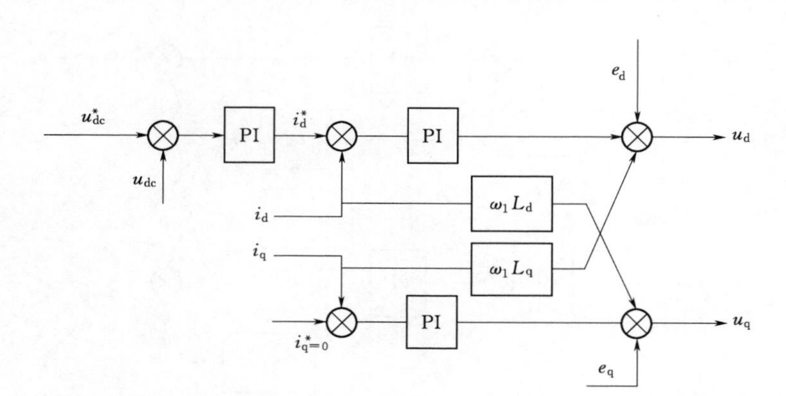

图 2-34　直驱永磁同步发电机组网侧逆变器控制框图

从式（2-66）可知，控制 $i_q=0$ 可以保证功率因数为 1，可以采取与转子侧相似的前馈补偿原则进行解耦控制，即

$$\left.\begin{aligned} u_d&=-\left(K_{p2}+\frac{t_{i2}}{s}\right)(i_d^*-i_d)+\omega_1 L_q i_q+e_d \\ u_q&=-\left(K_{p2}+\frac{t_{i2}}{s}\right)(i_q^*-i_q)+\omega_1 L_d i_d+e_q \end{aligned}\right\} \tag{2-67}$$

式中　K_{p2}、t_{i2}——电流内环 PI 调节器的比例常数、积分常数；

　　i_d^*、i_q^*——d 轴、q 轴参考电流。

2.2.3　并网控制策略

随着单台风力发电机组容量不断增大，其并网对电网的电流冲击已不容忽视。较大的冲击电流不但会引起电网电压的大幅下降，还会损坏发电机，更严重时将会威胁电力系统的安全，因此必须深入研究风电并网技术，最大限度地抑制发电机并网冲击电流，保障发电机组和电网的可靠运行。

讨论风电并网的文献多局限于同步风力发电机和普通异步风力发电机，如同步风力发电机的整步与同步并网，普通异步风力发电机的直接并网、准同期并网、软并网等。本部分主要介绍双馈感应风力发电机组的并网控制策略。

不同于传统的励磁同步发电机，转子施加交流励磁的双馈感应发电机与电网之间为柔性连接，即可以根据电网电压和发电机转速调节转子励磁电流，控制发电机定子电压满足并网条件，即双馈感应发电机输出的端口电压必须要跟电网的电压在幅值、频率、相位、相序上保持一致。

由于并网前双馈感应发电机空载，则定子电流为零，即 $i_{ds}=i_{qs}=0$，代入双馈感应发电机的定子、转子电压、磁链方程式（2-30）～式（2-32），可以推导出空载时双馈感应发电机的数学模型。

定子电压方程为

$$\left.\begin{aligned} u_{ds}&=-p\psi_{ds}+\omega_1\psi_{qs} \\ u_{qs}&=-p\psi_{qs}-\omega_1\psi_{ds} \end{aligned}\right\} \tag{2-68}$$

转子电压方程为

$$\left.\begin{aligned}u_{dr}&=R_r i_{dr}-\omega_s\psi_{qr}+p\psi_{dr}\\u_{qr}&=R_r i_{qr}+\omega_s\psi_{dr}+p\psi_{qr}\end{aligned}\right\}\tag{2-69}$$

定子磁链方程为

$$\left.\begin{aligned}\psi_{ds}&=L_m i_{dr}\\\psi_{qs}&=L_m i_{qr}\end{aligned}\right\}\tag{2-70}$$

转子磁链方程为

$$\left.\begin{aligned}\psi_{dr}&=L_r i_{dr}\\\psi_{qr}&=L_r i_{qr}\end{aligned}\right\}\tag{2-71}$$

磁链方程为

$$T_e=n_p L_m(i_{qs}i_{dr}-i_{ds}i_{qr})=0\tag{2-72}$$

式（2-68）～式（2-72）构建了整个双馈感应发电机空载时的数学模型。

将定子磁链 ψ_s 的方向定为同步坐标系的 d 轴，由于定子电阻远小于定子电抗，因此发电机的定子磁链矢量与定子电压矢量相位差正好是 90°，如图 2-35 所示。定子电压 $\dot{U}_s$ 空间矢量落在超前 d 轴 90°的 q 轴上。

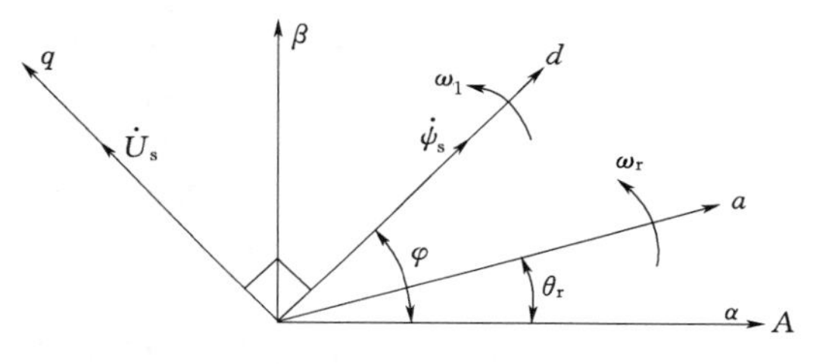

图 2-35　定子磁链定向空间矢量示意图

采用定子磁链定向后，即选取定子磁链方向为 d 轴后，则有

$$\left.\begin{aligned}&\psi_{ds}=\psi_s,\psi_{qs}=0\\&u_{ds}=0,u_{qs}=U_s\end{aligned}\right\}\tag{2-73}$$

因为忽略了定子绕组电阻 R_s 且定子电流为零，此时定子电压方程可以进一步改写为

$$\left.\begin{aligned}0&=-\omega_1\psi_{qs}+p\psi_{ds}=p\psi_s\\U_s&=\omega_1\psi_{ds}+p\psi_{qs}=\omega_1\psi_s\end{aligned}\right\}\tag{2-74}$$

再将式（2-74）代入定子、转子磁链方程式（2-70）、式（2-71）可得

$$\left.\begin{aligned}&\psi_{ds}=\psi_s=L_m i_{dr},i_{qr}=0\\&\psi_{dr}=L_r i_{dr},\psi_{qs}=0\end{aligned}\right\}\tag{2-75}$$

将式（2-75）代入转子电压方程式（2-69）得

$$\left.\begin{aligned}u_{dr}&=(R_r+L_r p)i_{dr}\\u_{qr}&=\omega_s L_r i_{dr}=(\omega_1-\omega_r)L_r i_{dr}\end{aligned}\right\}\tag{2-76}$$

考虑到实际并网调节过程中的磁场定向误差，i_{qr}可能不为零，此时转子电压计算公式应修正为

$$\left.\begin{aligned}u_{dr}&=(R_r+L_r p)i_{dr}-\omega_s L_r i_{qr}\\u_{qr}&=\omega_s L_r i_{dr}+(R_r+L_r p)i_{qr}\end{aligned}\right\}\tag{2-77}$$

由式（2-73）～式（2-77）可得到定子磁场定向控制下双馈感应发电机并网控制策

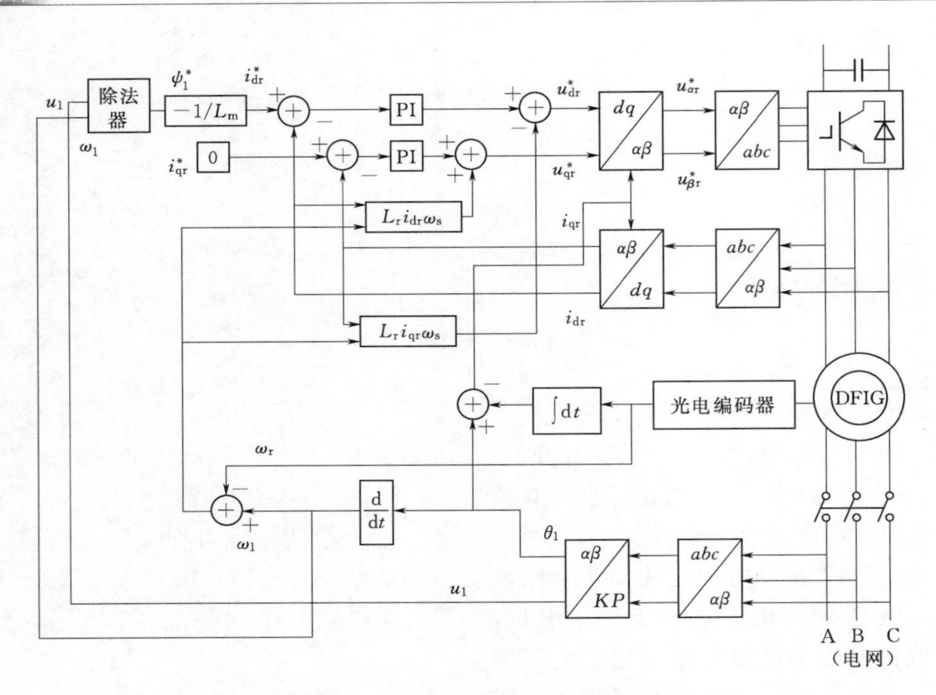

图2-36 双馈感应发电机空载并网控制策略

略，如图2-36所示，并网控制策略具体设计思路如下：首先检测得到电网电压的幅值u_1和相角θ_1，θ_1经过角度变换得到定子磁链的相角θ_s；再计算出参考磁链ψ_1^*、i_{dr}^*；由于必须保证$i_{qr}=0$才能实现定子磁链自动定向，所以转子q轴参考电流$i_{qr}^*=0$；而从式（2-77）可以看出，双馈感应发电机转子电流和电压之间的传递函数存在一阶微分环节，可以通过PI调节器实现转子电流的闭环控制，同时参考值和实际值的误差经过PI后，分别加入补偿项，得到转子电压的参考d轴分量u_{dr}^*和q轴分量u_{qr}^*，经过坐标变换后，可以实现双馈感应发电机的并网控制。

2.3 风电场的建模和并网运行

风电场的并网运行会对电网的安全稳定运行带来影响，而且随着并网风电场规模的不断增大，这种影响将进一步加剧。在甘肃酒泉、吉林等地区，上百兆瓦级以上大型风电场的出现以及接入电网电压等级的提高，风电场对电网运行的影响已经凸显出来。《国家电网公司风电场接入电网技术规定（试行）》中规定，风电场应及时提供风力发电机组、风电场汇集系统的模型和参数，作为风电场接入系统规划设计与电力系统分析计算的基础。但是，目前国内还没有风电场能够向电网调度部门提供风电场集总模型。与传统电厂相比，风电场的特点十分突出，主要表现在：①单机容量小；②电源数量多；③场接线复杂；④单机模型复杂。

随着风电装机容量的不断扩大，风电输出特性对风电并网相关课题研究影响重大，而风电场等值建模则是分析上述研究的基础。影响风电场等值的因素主要有风力发电机组

排列方式、风力发电机组间尾流效应和风速时滞等，其中风力发电机组排列方式和风力发电机组间尾流效应对风电场等值的影响比较易于分析。

2.3.1 风力发电机组排列方式

大型风电场风力发电机组的排列方式对于风电场的等值建模起着至关重要的作用。风力发电机组常见的两种排列方式如图 2-37 所示。

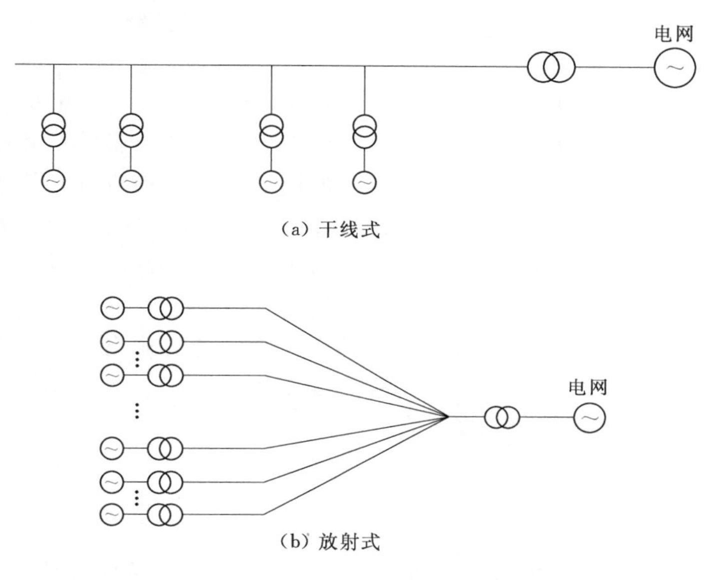

图 2-37 风力发电机组排列方式

图 2-37 (a) 为干线式，各个风力发电机组被一条线路或是一个“菊花链”结构相互连接起来，3 台或者 3 台以上风力发电机组以这种方式连接到主干线上，然后连接到几条支路上。该支路可以是地下电缆或是架空线路，海上风电场使用的多为地下电缆，陆地以架空线路为多。这些支路连接到同一母线上，这条母线再通过电缆连接到风电场配电所。

图 2-37 (b) 为放射式，多个并行支路连接到同一个节点，每条支路都有各自的阻抗并且连接了一组风力发电机组和相应的箱式变压器。

在实际情况下，风力发电机组之间的排列会根据不同地形和风况因地制宜地进行优化布置。作为一条指导规则，风电场布置风力发电机组时，在盛行风向上要求机组间相隔 5～9 倍风轮直径，在垂直于盛行风向上要求风力发电机组间相隔 3～5 倍风轮直径。而风轮直径大小一般与风力发电机组输出功率呈二次曲线关系，当风力发电机组输出功率为 2MW 时，风轮直径一般为 75m。另外，从风力发电机组到并网口也会有一定的距离，一般为 1～2km。由于输电线路会产生阻抗，在风电场等值过程中，这些输电线路也需要考虑进去。

在实际的大型风电场中，风力发电机组多以干线式和放射式两种方式的综合排列出现。

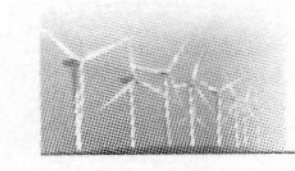

2.3.2 尾流效应

目前，在研究风电并网相关的课题中，大多数都是假设风电场内所有风力发电机组的输入风速相同，从而根据风速-功率曲线，确定风电场的输出功率，而没有考虑风电场内风速的变化。众所周知，风电场内风力发电机组数量多，占地面积大，风力发电机组间的尾流效应势必会对风电场并网点输出特性有较大影响。

由于尾流效应会引起风电场输出功率的损失，若风电场规模较大时，这种损失比较大，所以一般在计算风电场输出功率时都应该考虑尾流效应的影响。其中最为成熟且常用的风电场风功率机理建模方法是：考虑尾流效应和风电场内地形因素对不同风力发电机组风速的影响，得到风电场不同位置的风力发电机组风速及其功率输出，最后叠加得到整个风电场的输出功率。而描述风电场内各风力发电机组间尾流效应的 Jensen 模型则应用最为广泛，如图 2－38 所示。

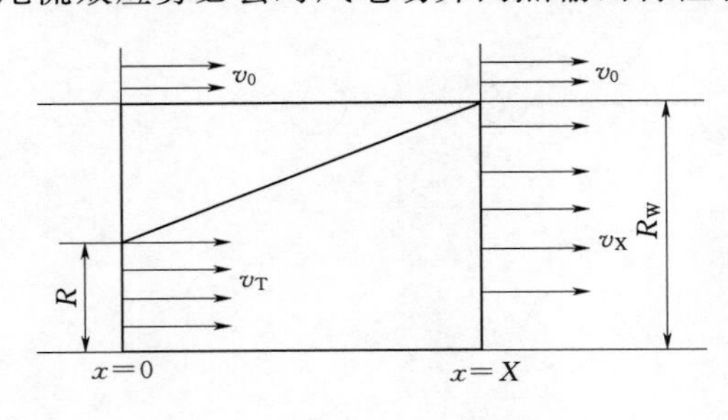

图 2－38　Jensen 模型

受尾流效应影响的风的湍流强度 σ 为[10]

$$\sigma/v=\frac{\sigma_G+\sigma_0}{v} \tag{2-78}$$

式中　v——平均风速；

σ_G、σ_0——风力发电机组产生的湍流和自然湍流的均方差，通常情况下，$\sigma_G=0.08v$，$\sigma_0=0.12v$。

根据动量理论，有

$$\left.\begin{aligned}&\rho\pi R_w^2 v_x=\rho\pi R^2 v_T+\rho\pi(R_w^2-R^2)v_0\\&\frac{dR_w}{dt}=k_w(\sigma_G+\sigma_0)\\&\frac{dR_w}{dt}=\frac{dR_w}{dt}\frac{dt}{dx}=\frac{k_w(\sigma_G+\sigma_0)}{v}\end{aligned}\right\} \tag{2-79}$$

式中　ρ——空气密度；

k_w——常数。

自由风速 v_0、通过叶片的风速 v_T 以及推力系数 C_T 之间存在关系为

$$v_T=v_0(1-C_T)^{1/2} \tag{2-80}$$

式中　v_0——自由风速；

C_T——推力系数，一般取 0.2。

令尾流下降系数 $k=k_w(\sigma_G+\sigma_0)/v$，可得受尾流效应影响后不同位置的风力发电机组的风速 v_x 为

$$v_x=v_0\{1-[1-(1-C_T)^{1/2}]\}\left(\frac{R}{R+kX}\right)^2 \tag{2-81}$$

式中 R——风力发电机组叶片半径；

X——以自由风向为标准当前排风力发电机组到第一排风力发电机组的距离。

2.3.3 风电场参数等值方法

现有风电场参数等值方法很多，多数是针对风力发电机组参数进行的，其中较为广泛使用的是按容量加权方法，其前提条件是要求等值风电场内风速分布均匀。鉴于现有的等值方案，以往的等值的方法都是简单地考虑发电机内部参数，没有将风电场的分布、箱式变压器和电力线路等因素考虑进去，而这样势必会造成一定的等值结果误差。而按功率损耗相等进行等值，考虑了上述外部集电系统参数，即将风电场按照功率损耗相等进行电路化简，然后得到一组相关参数，该方法具有普遍性，算法简单且精度较高。下面分别说明这两种等值方法。

1. 按容量加权方法

对于发电机参数的等值方法，多采用容量加权法进行求取，各等值参数的计算公式为

$$\left.\begin{aligned} S_{eq} &= \sum_{i=1}^{N} S_i \\ P_{eq} &= \sum_{i=1}^{N} P_i \end{aligned}\right\} \tag{2-82}$$

$$\left.\begin{aligned} K_{eq} &= \rho_i K_i \\ T_{eq} &= \rho_i T_i \end{aligned}\right\} \tag{2-83}$$

其中

$$\rho_i = \frac{S_i}{\sum_{i=1}^{N} S_i}$$

式中 ρ_i——加权系数；

S_i、P_i、K_i、T_i——风电场内单台风力发电机组的容量、有功功率、阻尼系数和惯性时间常数。

发电机定子阻抗为

$$\left.\begin{aligned} R_{seq} &= \frac{a_s}{a_s^2 + b_s^2} \\ X_{seq} &= \frac{b_s}{a_s^2 + b_s^2} \end{aligned}\right\} \tag{2-84}$$

其中

$$\left.\begin{aligned} a_s &= \sum_{i=1}^{N} \frac{\rho_i R_{si}}{R_{si}^2 + X_{si}^2} \\ b_s &= \sum_{i=1}^{N} \frac{\rho_i X_{si}}{R_{si}^2 + X_{si}^2} \end{aligned}\right\}$$

发电机转子阻抗可类似表达。

2. 按功率损耗相等的等值方法

(1) 放射式排列下的等值形式。图 2-39 为多条并行支路连接到同一节点的风电场放射式排列图及其等效图，每条支路都有各自的阻抗（发电机、变压器和线路阻抗），每条支路上分别包括 n_1，n_2，n_3，…，n_m 台风电机组，连接到该节点的阻抗分别为 Z_1，Z_2，

Z_3，…，Z_m，I_S、Z_S 分别为最后等效电流和阻抗。

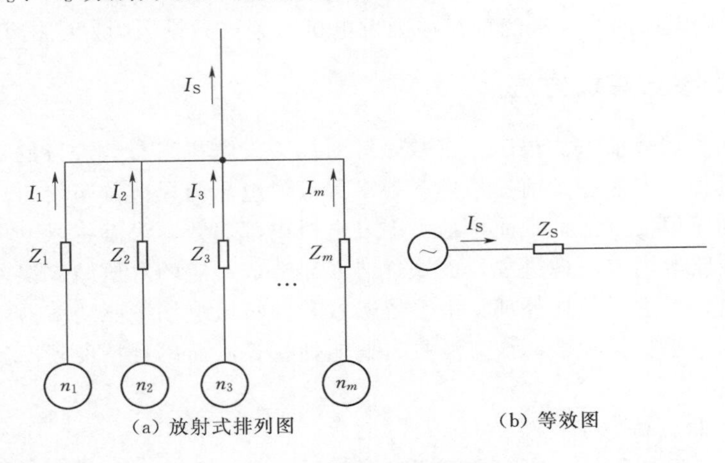

图 2-39 放射式排列及其等效图

假设风电场内所有单台风力发电机组的容量相同，且其注入电流的大小、相位相同，设为$\dot{I}=I\angle\theta$，其中 I、θ 分别为向量 $\dot{I}$ 的幅值和相位。

由图 2-39 可知，每一组风力发电机组输出电流为

$$I_1=n_1I,I_2=n_2I,\cdots,I_m=n_mI \tag{2-85}$$

总电流为

$$I_S=I_1+I_2+\cdots+I_m=\sum_{i=1}^{m}n_iI \tag{2-86}$$

每一线路阻抗的损耗为

$$S_{Z_1}=I_1^2Z_1=n_1^2Z_1I^2,S_{Z_2}=I_2^2Z_2=n_2^2Z_2I^2,\cdots,S_{Z_m}=I_m^2Z_m=n_m^2Z_mI^2 \tag{2-87}$$

总损耗为

$$S_{Z_S}=I_S^2Z_S=S_{Z_1}+S_{Z_2}+\cdots+S_{Z_m}=\sum_{i=1}^{m}(n_i^2Z_i)I^2=\left(\sum_{i}^{m}n_iI\right)^2Z_S \tag{2-88}$$

得出等效阻抗为

$$Z_S=\frac{\sum_{i=1}^{m}(n_i^2Z_i)}{\left(\sum_{i=1}^{m}n_i\right)^2} \tag{2-89}$$

(2) 干线式排列下的等值形式。图 2-40 所示为若干平行支路合并成的干线式排列的风力发电机组图及其等效图。各节点之间的线路阻抗分别为 Z_{L1}、Z_{L2}、Z_{L3}、…、Z_{Lm}，发电机阻抗和变压器阻抗之和用 Z_{P1}、Z_{P2}、Z_{P3}、…、Z_{Pm}分别表示，流过每一条支路的电流分别为 I_1、I_2、I_3、…、I_m，其中 m 为并行支路个数，I_S、Z_S 分别为最后等效电流和阻抗。

每一组风力发电机组输出电流为

$$I_1=n_1I,I_2=n_2I,\cdots,I_m=n_mI \tag{2-90}$$

总电流为

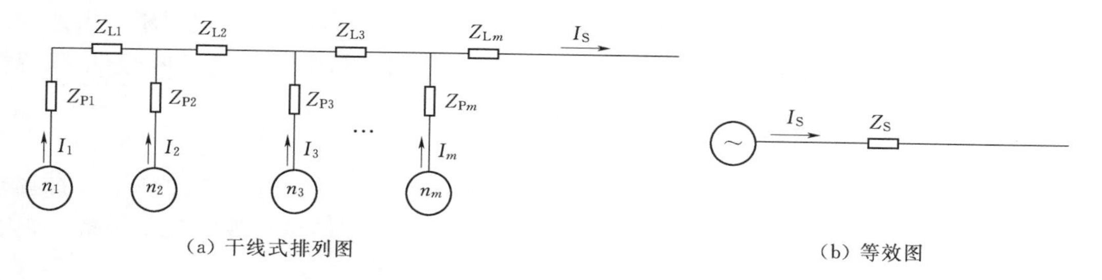

图 2-40　干线式排列的风力发电机组及其等效图

$$I_S = I_1 + I_2 + \cdots + I_m = \sum_{i=1}^{m} n_i I \tag{2-91}$$

每一线路阻抗的损耗为

$$S_{Z_{P1}} = I_1^2 Z_{P1}, S_{Z_{P2}} = I_2^2 Z_{P2}, \cdots, S_{Z_{Pm}} = I_m^2 Z_{Pm} \tag{2-92}$$

$$\begin{aligned} S_{Z_{L1}} &= I_1^2 Z_{L1} = n_1^2 Z_{L1} I^2, S_{Z_{L2}} = (I_1 + I_2)^2 Z_{L2} = (n_1 + n_2)^2 Z_{L2} I^2, \cdots, \\ S_{Z_{Lm}} &= (I_1 + I_2 + \cdots + I_m)^2 Z_{Lm} = (n_1 + n_2 + \cdots + n_m)^2 Z_{Lm} I^2 \end{aligned} \tag{2-93}$$

总损耗为

$$\begin{aligned} S_{Z_S} &= I_S^2 Z_S = S_{Z_{P1}} + S_{Z_{P2}} + \cdots + S_{Z_{Pm}} + S_{Z_{L1}} + S_{Z_{L2}} + \cdots + S_{Z_{Lm}} \\ &= \sum_{i=1}^{m} n_i^2 I^2 Z_{Pi} + \sum_{i=1}^{m} \left(\sum_{j=1}^{m} n_j\right)^2 I^2 Z_{Li} = \left(\sum_{i=1}^{m} n_i I\right)^2 Z_S \end{aligned} \tag{2-94}$$

得出等效阻抗为

$$Z_S = \frac{\sum_{i=1}^{m} n_i^2 Z_{Pi} + \sum_{i=1}^{m} \left(\sum_{j=1}^{m} n_j\right)^2 Z_{Li}}{\left(\sum_{i=1}^{m} n_i\right)^2} \tag{2-95}$$

2.3.4　风电场等值模型

当风电场模型的应用目的不同、风力发电机组的类型不同以及等值模型要求的精度不同时，相应的风电场模型等值方法也不同。其中，根据不同的应用目的可以把风电场等值建模问题分为以下模型[11]。

(1) 风电场风速-功率特性模型：主要应用于风电场设计规划，比如利用风功率曲线计算风电场风能输出。

(2) 风电场静态数学模型：主要用于风电场潮流计算、短路电流计算等。

(3) 风电场动态数学模型：主要用于分析风电场并网特性以及并网后电网稳定性的分析研究。

1. 风电场风速-功率特性模型

风电场的输出功率具有间歇性和随机性等特点，大量风电接入对电网的安全稳定构成了影响，同时给电力系统的调度工作、备用容量的预算都带来的困难。同时，目前风电场存在设计发电量与实际发电量严重不符的情况，因此建立风电场风速-功率特性模型是大型风电场首先需要解决的基础问题。然而建立风电场风速-功率模型也面临着一些难题，例如地形、机组排列、尾流效应等因素导致的大型风电场内不同风力发电机组间风速的差异性等。这些影响因素很难通过数学模型来表达，因此建立精确的风电场风速-功率特性模型是非常难以做到的。

目前建立风电场风速-功率特性模型的有以下主要方法：

（1）传统的风电场风速-功率特性建模。最为简单的方法就是根据厂家给定或现场实测的单台风力发电机组风速-功率特性曲线，然后乘以风电场内风力发电机组台数 n 得到整个风电场的输出功率。

但随着风电场规模的不断扩大，风电场内的风速分布、地形地貌、风力发电机组排列方式、风力发电机组风能转换特性等诸多因素对整个风电场的输出功率产生了不可忽视的影响，风电场内各个风力发电机组甚至相同型号的风力发电机组之间，其风况及输出功率都可能存在较大差异，风电场作为一个整体，往往表现出与单个风力发电机组不同的特性。因此简单地通过单台风力发电机组功率乘以场内风力发电机组台数来表示整个风电场的功率输出与实际情况存在较大差异，不能真实反映风电场的实际风速-功率特性。

（2）计及风力发电机组工况的风电场风速-功率特性建模。为了考虑因风电场内风力发电机组的排列方式、风力发电场内地形差异、风力发电机组间尾流效应及风的时滞效应等因素造成的风力发电机组功率输出差异，常选能够较好地模拟平坦地形尾流效应的Jensen模型和能够较好地模拟有损耗非均匀风电场的Lissaman模型，从而得到不同位置处风力发电机组的风速-功率特性，再叠加得到整个风电场的功率输出特性。但对于尾流效应、地形差异等因素，很难用数学模型来精确描述，因此所建立的风速-功率特性的精确度也难以得到保证。

（3）基于统计方法的风电场风速-功率特性建模。为了避免考虑尾流效应等诸多复杂的、难以用数学模型准确描述的因素，可以基于风电场外特性进行建模，将风电场作为一个整体，并以风电场实测风速、功率等运行数据进行统计分析，研究风电场整体等效风速与输出功率之间的规律，据此构建风电场等效风速-输出功率特性模型。

（4）基于智能算法的风电场风速-功率特性建模。基于统计方法的风电场风速-功率特性建模，并没有完全将风电场看作为黑箱，对风力发电机组本身的风速-功率特性依然有较大的依赖。基于智能算法的风电场风速-功率特性建模则完全将风电场视为“黑箱”，以风电场实测数据为基础，常选取BP神经网络、Elman神经网络等智能算法，通过大量的样本训练或多次的迭代修正来获取风电场风速-功率特性。

2. 风电场静态建模

风电场静态模型主要用于电力系统潮流计算[12-15]，同时也可作为稳定性分析、动态分析的初始运行状态。

风电场视在功率的计算式为

$$S_{\text{Windfarm}} = \sum_{i=1}^{N}\sum_{j=1}^{M} S_{i,j} \tag{2-96}$$

式中　i、j——每台风力发电机所在位置的编号；

N、M——风电场中的风力发电机排列行数、列数。

风电场典型行列排列示意图如图2-41所示。

传统常规潮流计算中，通常将节点划分为3种类型，即PV节点、PQ节点和Slack平衡节点。而对于不同类型的风力发电机组构成的风电场，其节点处理方法也不相同。对于恒速恒频风力发电机组（FSIG）构成的风电场（简称“恒速风电场”）而言，由于一般采用恒功率因数控制，所以常常将其视为PQ节点。也有一些文献提出将恒速型风电场作为RX模型，即将风电场作为一个阻抗连接在母线上，初始化风力发电机的滑差，形成节点导纳矩阵，进行电力系统潮流计算。对于变速恒频风力发电机组（DFIG、PMSG）构成的风电场（简称“变速风电场”）而言，当风电场工作于恒功率因数控制模式时，应将变速型风电场视为PQ节点，而当风电场工作于恒电压控制模式时，则应在常规潮流计算中将变速风电场视为PV节点。常规潮流计算的风电场节点具体处理方法[14]总结为表2-1。

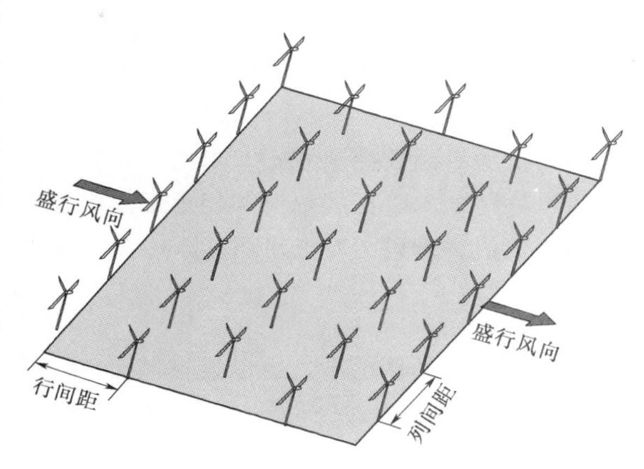

图2-41 风电场典型行列排列示意图

表2-1 风电场稳态潮流节点处理

风电场类型	控制模式	等值模型
恒速风电场	恒功率因数控制	PQ节点
	—	RX节点
变速风电场	恒功率因数控制	PQ节点
	恒电压控制	PV节点

双馈风力发电机组发出的有功功率大小取决于风速，而无功功率的大小取决于控制方式是恒功率因数控制还是恒电压控制。在不同的控制方式下，由双馈风力发电机组组成的风电场可分别视为PQ节点和PV节点。从双馈风力发电机组稳态模型的分析可知，其注入系统的有功功率是由定子绕组发出的有功功率和转子绕组输出或者吸收的有功功率两部分组成，其无功功率也是由两部分组成：一部分是发电机定子侧输出或吸收的无功功率；另一部分是变流器在定子侧整流器输出或吸收的无功功率。

风电场单台等值双馈风力发电机组的转子侧输出或吸收的有功功率 P_r 可以用定子侧有功功率 P_s 和无功功率 Q_s 来表示[16]，即

$$P_r=\frac{R_2L_{ss}^2(P_s^2+Q_s^2)}{L_m^2|\dot{U}_s|^2}+\frac{2R_2L_{ss}}{L_m^2}Q_s-sP_s+\frac{R_2|\dot{U}_s|}{L_m^2} \tag{2-97}$$

式中 R_2——风电场等值风力发电机组的转子电阻；

s——等值转差率；

L_{ss}、L_m——等值风力发电机组的定子电抗与激励电抗；

$\dot{U}_s$——风电场端口电压。

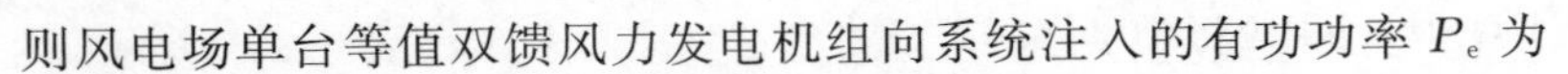

则风电场单台等值双馈风力发电机组向系统注入的有功功率 P_e 为

$$P_e=P_s+P_r=\frac{R_2L_{ss}^2(P_s^2+Q_s^2)}{L_m^2|\dot{U}_s|^2}+\frac{2R_2L_{ss}}{L_m^2}Q_s+(1-s)P_s+\frac{R_2|\dot{U}_s|^2}{L_m^2} \tag{2-98}$$

（1）恒功率因数控制方式。采用恒功率因数控制方式运行时，双馈风力发电机组通过转子绕组外接电源电压的幅值和相角来控制发电机无功出力，从而保持定子侧输出的功率因数为恒定值。若风力发电机组功率因数设定为 $\cos\varphi$，则

$$\tan\varphi=\frac{Q_s}{P_s} \tag{2-99}$$

在风速给定的情况下，可以查找风速-功率特性曲线，获取当前风速下风电场的额定风功率 P_e；联立式（2-85）、式（2-86），可以求解出风电场单台等值风力发电机组定子输出的有功功率 P_s、无功功率 Q_s 以及转子侧输出或吸收的有功功率 P_r。如此反复迭代，进行电压或功率的修正，最终完成潮流计算。

（2）恒电压控制方式。当采用恒电压控制方式运行时，由于双馈风力发电机组定子侧输出的无功功率受到定子绕组、转子绕组和变流器最大电流的限制，只能在一定范围内调节，当处于双馈风力发电机组无功功率调节范围时，风力发电机组可以看作 PV 节点，当所需无功越限时，则可以看作 PQ 节点。假设变流器最大电流限制为 I_{rmax}，则

$$P_s^2+\left(Q_s+\frac{|\dot{U}_s|^2}{L_{ss}}\right)^2\leqslant\frac{|\dot{U}_s|L_m^2}{L_{ss}^2}I_{rmax}^2 \tag{2-100}$$

通过式（2-98）、式（2-100）可以求解出风电场无功容量极限。对于双馈风力发电机组构成的风电场，若采用恒电压控制方式运行，很容易发生无功功率越限问题。因为在含风电场系统中，风电场母线电压并非由风电场本身决定。如果强行要求风电场母线电压恒定，必然对双馈异步发电机无功出力提出过高要求，从而超出其运行极限，因此实际应用中，双馈风电机组一般是以恒功率因数控制方式运行。

3. 风电场动态等值建模

由于风力发电机组与传统同步发电机组有不同的运行特性，因此传统的电力系统动态等值方法也不能够直接应用于风电场模型的动态等值。但电力系统的同调等值法的分群等值思路可以借鉴到风电场动态等值建模研究中来。

风电场动态等值建模方法可以分为两类[17-21]：一类是聚合法；另一类是降阶法，如图 2-42 所示。

聚合法以减少风电场内风力发电机组的数目为目的，等值风力发电机组的模型结构保留或者部分保留了原有风力发电机组的模型结构；降阶法以减少风电场模型阶数为目的，一般采用系统理论及数学方法（例如奇异摄动理论、平衡理论、积分流行理论）对风电场模型的微分方程进行降阶、化简，利用该方法得到的等值风力发电机组模型结构基本上失去了原有风力发电机组的模型结构，而且难以在传统电力系统分析工具上对降阶法进行仿真验证。下面主要介绍由双馈风力发电机组构成的风电场动态模型建模方法。

目前，双馈机组风电场动态等值建模可大致归为以下方法：

（1）把风电场等值成一台等值风力发电机组（简称单机表征法），其容量等于所有风力发电机组容量之和。然而对于大型风电场，风电场内风速分布不均匀，风力发电

机组处于不同的运行点，因此使用一台等值风力发电机组的模型通常会产生较大的误差。

（2）风力发电机组采用简化模型，即假定风能利用系数取最大值、转速-功率特性用一阶线性模型代替以及忽略桨距角控制，风电场的等值功率为各风电机组的电功率之和。由于该方法采用了简化模型，可能导致等值模型的精度不高，且该方法改变了原有风力发电机组模型结构，使得该方法难以在常用电力系统仿真软件上实现。

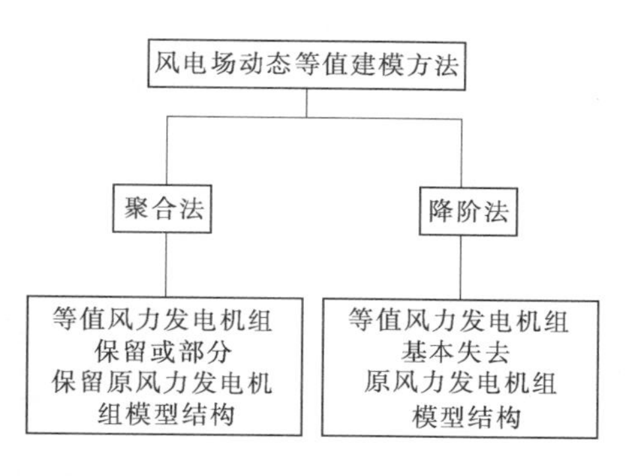

图2-42　风电场动态等值建模方法

（3）根据风速对风力发电机组进行分类，保留群内风力发电机组的气动模型、轴系模型、桨距角模型以及最大风能追踪模型，将所有分群的机械功率总和作为等值发电机的输入。该方法的问题也是改变了原有风力发电机组模型的结构，使得该方法难以在常用电力系统仿真软件实现。

（4）根据风速对风力发电机组进行分群，对同群的风力发电机组进行合并并等值成一台风力发电机组，从而得到多台风力发电机组表征的风电场等值模型（简称“风速分类法”）。该方法建立的等值模型精度较高，但是当风电场内风力发电机组风速差异较大时，等值风力发电机组的数量会增加，将导致仿真时间较长。

2.4　风电场输出功率控制

随着并网风电装机容量的不断增大，电力系统中风电所占比例不断升高，风电与电力系统之间相互影响的范围越来越大，程度越来越深，方式也越来越复杂，最终可能给电力系统运行带来并网冲击电流、电压波动甚至崩溃、继电保护装置误动作、频率不稳定等一系列不利影响。大规模风电并网运行的同时，风能资源自身的随机性和波动性等固有缺陷凸显出来，调频调峰、经济调度等问题也随之变得突出，越来越多的电力公司要求风电场具有一定的有功控制能力。

通过加强风电场自身有功功率控制以及对包含风电场的电力系统的调度方法的改进与运用，有利于减小系统的备用容量，增强系统的可靠性和安全性。有关研究表明，风电出力主要集中在2%～35%装机容量区间，例如，2009年5—8月，甘肃全网风电出力在2%～35%装机容量区间的出现频率达79%；在35%～65%装机容量区间的出现频率为14%；2%以下以及65%以上装机容量区间的出现频率分别为5.1%和1.9%。可见，风电场在多数时间都处于比较低的有功功率输出状态。加强风电场有功功率控制，既可减少系统备用容量，使含风电场的电网运行更加安全，又不会损失太多的风能。一些国外的国家电网部门颁发的并网导则也提出类似的要求，例如爱尔兰国家电网公司要求风电场通过控制输出功率的3%～5%参与系统的频率调整。

风电场在接入电网后需要工作于不同的控制模式，现行的风电场接入电网的规范风电场控制模式主要包含[22]功率限制模式、平衡控制模式、功率增率控制模式、差值模式、调频模式，前四种属于有功功率控制模式。由于目前我国的风电场的功率控制刚进入适用

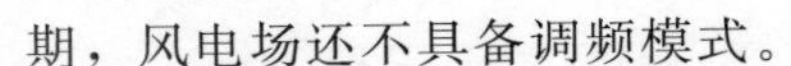

期，风电场还不具备调频模式。

本部分主要针对四种风电场的有功功率控制模式及各控制模式之间的组合运行进行介绍。

2.4.1　功率限制模式

功率限制模式投入时，风电场有功功率控制系统应将全场出力控制在预先设定的或调度机构下发的限值之下，限值可以分时间段给出。所以功率限制是对整个风电场的有功功率输出量的限制，这是调度机构根据各电厂（火电厂、水电厂、风电场）的能力按比例分配给各电厂的功率调度限值，是为了满足电网的实际调节量而确定的。

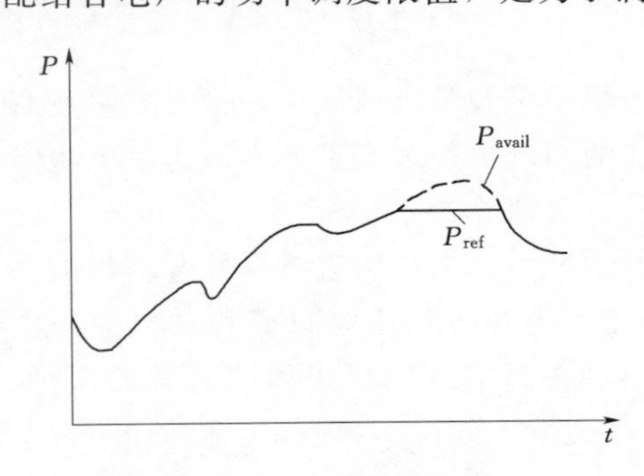

图 2－43　功率限制模式示意图

对于风电场而言，工作于功率限制模式时，风电场应不高于该限值，若风电场有能力达到，则应该达到该限值但不能超过限值，即需要风电场能够减载运行；若风电场不具备达到功率输出限值的能力，则应该让风电场按最大功率输出，尽可能接近该限值，具体如图 2－43 所示，图中虚线 P_{avail} 为风电场最大可输出有功功率，实线 P_{ref} 是投入功率限制模式后的实际输出有功功率。可以看出，当风电场的限值高于风电场的预测功率时，风电场按预测功率发电，即最大出力发电；当风电场限值小于风电场预测功率时，风电场按限值功率发电。

2.4.2　平衡控制模式

平衡控制模式投入时，风电场有功功率控制系统应立即将全场出力按给定的斜率调整至电网调度的限制功率值（若给定值大于最大可发功率，则调整至最大可发功率），当命令解除时，有功功率控制系统按给定的斜率恢复至最大可发功率。

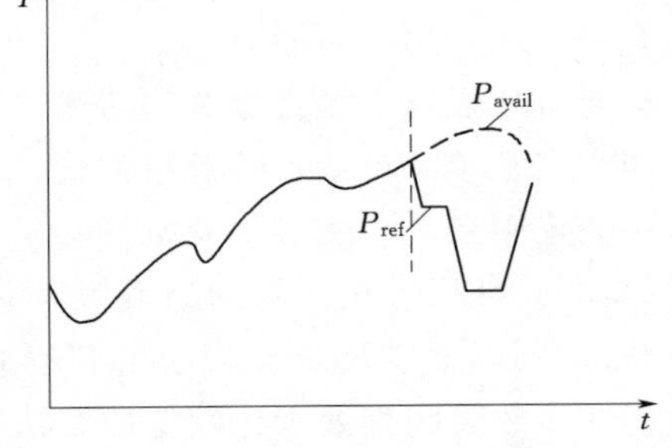

图 2－44　平衡控制模式示意图

风电场平衡控制模式的控制曲线如图 2－44 所示，其中虚线为未投入平衡控制模式时的出力情况，实线是投入平衡控制模式后风电场实际的出力情况。可以看出，希望风电场能够被控制在平衡控制模式的前提条件是风电场的出力必须有一定的裕量来满足输出功率的调整。平衡控制模式运行时，风电场输出功率会按照给定斜率下降到调度功率后然后保持至命令解除，再按一定斜率上升到最大发电功率状态。

2.4.3　功率增率控制模式

功率增率控制模式时对风电场有功功率变化率进行限制，风电场的输出功率在每个控制周期的变化大小必须在给定的斜率之内，且风电场的整体输出功率应该在满足斜率的前提下尽量跟随风电场的预测功率。功率增率控制模式的目的是避免风电场的输出功率变化过于频繁和变化过大，从而保证整个电网的输出功率稳定。

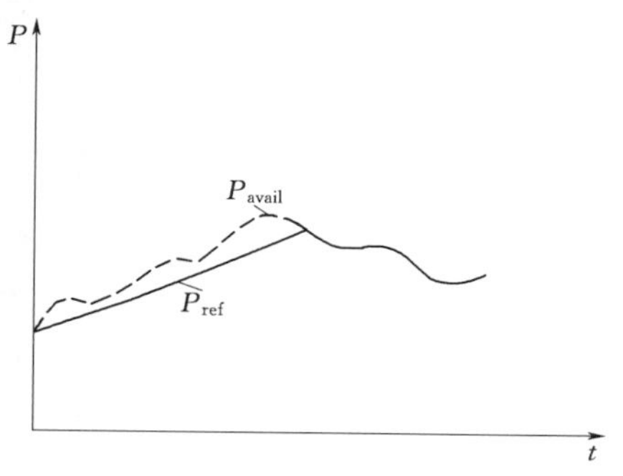

图 2-45 功率增率控制模式示意图

功率增率控制模式的控制曲线如图 2-45 所示，图中虚线反映了风电场未投入功率增率控制模式时的出力情况；实线则是风电场在投入功率增率控制模式后的实际出力情况。可以看出，只有当功率上升时，功率增率控制模式才对其斜率进行控制，即只能控制风电场输出有功功率升高时候的功率变化率，而在功率下降时，有可能出现由于风速的剧烈变化导致风电场的出力剧烈下降的情况，这种情况下的功率变化是不可控的。

2.4.4 差值模式

差值模式不仅可以在系统频率升高时降低风电场的有功出力，也可以在系统频率降低时提高风电场的有功出力，从而达到以功率补偿频率的目的。该模式运行时，风电场的整体输出功率会与预测功率有一个功率差值 ΔP，该功率差值是由电网调度提供的，相当于给整个风电场留出了一定的有功功率调度裕度。

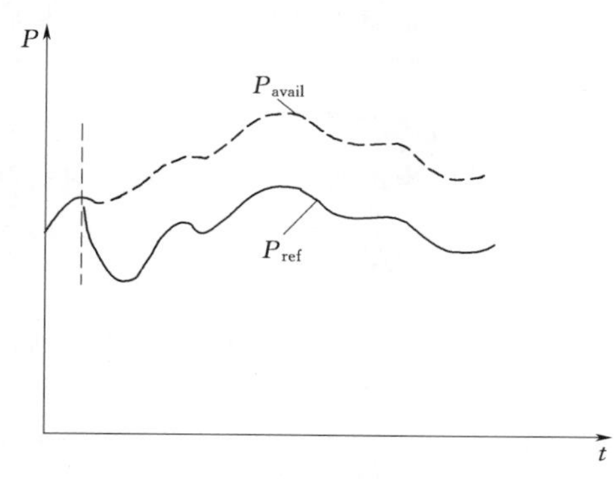

图 2-46 差值模式示意图

差值模式如图 2-46 所示，图中虚线 P_{avail} 为风电场未投入差值模式时的有功出力；实线 P_{ref} 是投入差值模式后风电场的实际出力情况。可以看出，运行在差值模式时，风电场能够按照一定的斜率下降到低于风电场出力相对恒定的一个有功功率差值运行点，并保持这个有功功率差值运行。

2.4.5 有功控制模式组合运行

风电功率控制系统的模式既可单独运行，亦可组合运行。风电场的组合运行是为了满足电网调度机构对风电场输出功率的多方面要求。

1. 功率限制模式+功率增率控制模式

这两种模式的组合运行是风电场最常见的模式组合，因为这两种模式组合后可以对风电场输出功率的幅值和变化率都进行限制。在一般情况下，电网调度机构都要求风电场同时运行在这两种控制模式下。

2. 功率限制模式+功率增率控制模式+差值模式

这三种模式组合运行，能够在将风电场输出功率控制到指定有功裕量 ΔP 的基础上，同时满足输出功率幅值和变化率的限制，因此这种组合运行模式可以使风电场参与电网频

率的调整。

图 2-47 反映了风电场各种功率控制模式组合运行的出力情况，在不同时间段先后运行功率限制模式、平衡控制模式、功率增率限制模式和差值模式。

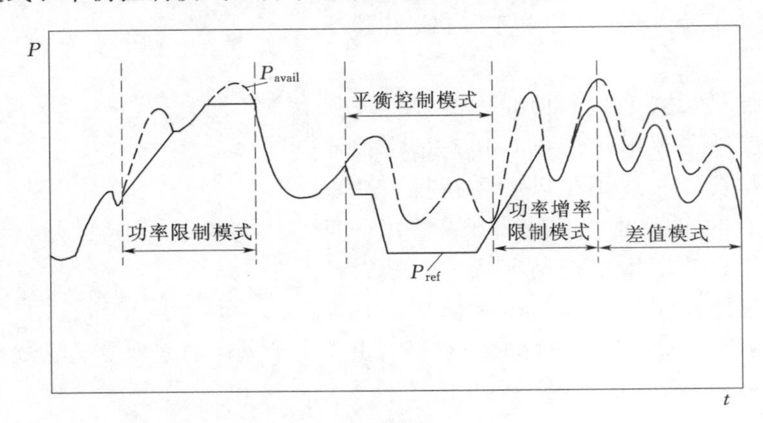

图 2-47　风电场功率控制模式组合运行

2.5　并网风电场有功调度

风电场已经并将继续大规模集中接入电网的主干网，然而大规模风电并网后，风电出力的随机性与间歇性等将对电网的安全运行和电能质量造成了非常不利的影响，也给互联电网有功功率控制带来了新挑战。因此，必须结合风电的特点，研究并提出适应于大规模风电接入的互联电网有功调度与控制方法，以改进传统的有功调度模式和控制手段。一方面，需要提高风力发电机组、风电场自身的调节能力，并以适当的方式参与区域电网的有功功率控制；另一方面，需要从整个区域互联电网的角度出发，充分利用全网的可调节资源，实现大规模风电在大范围电网内的合理消纳。

现阶段中国区域互联电网的有功功率控制模式属于两级调度体制：各省级控制区通常采用联络线频率偏差控制（TBC），以维持本省控制区有功功率的就地平衡；区域电网电力调度通信中心（简称网调）直调机组通常承担调频或按计划曲线调整的任务，有时也承担特定的控制任务，如跨区特高压互联线路的调整等。省级电网（简称省网）有功功率就地平衡控制模式要求各省网都具有一定的调节资源，调节资源匮乏的省网往往需要其他省网的功率支援，这种支援是通过 CPS（Control Performance Standard）考核标准来实现的，其支援量非常有限。此外，现有的调度模式缺乏协调性，当包括风电出力波动在内的有功扰动发生时，各省控制区间自动发电控制（AGC）缺乏有效的协调与配合，影响频率和联络线功率的控制效果。同时，受调度管辖权的掣肘，网调直调电厂的作用不能充分发挥，一些优质的调节资源得不到有效的利用。

由此可见，传统的省网有功功率就地平衡的 AGC 模式不利于互联电网消纳大规模风电能力的发挥，需要制定新的互联电网有功功率控制模式，从而充分利用网调、省网的所有调节资源，打破分省功率平衡的壁垒，在更大范围内平息风电出力的波动，更好地发挥

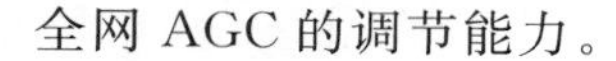

全网 AGC 的调节能力。

2.5.1 含风电场的区域电网有功调度

传统的有功调度模式由日前、日内发电计划机组、实时协调机组和 AGC 机组在时间上相互衔接，构成了实时调度运行框架，为区域电网的有功调度提供了可靠的保障。受自身运行特性和风电的不确定性影响，风力发电机组难以具备像常规水、火电机组一样的功率调节能力。

图 2-48 所示为风电场纳入区域电网的有功调度与控制框架结构，采取了基于风电功率预测的发电计划跟踪为主，风力发电机组直接参与调频为辅（简称为辅助调频）的控制原则。

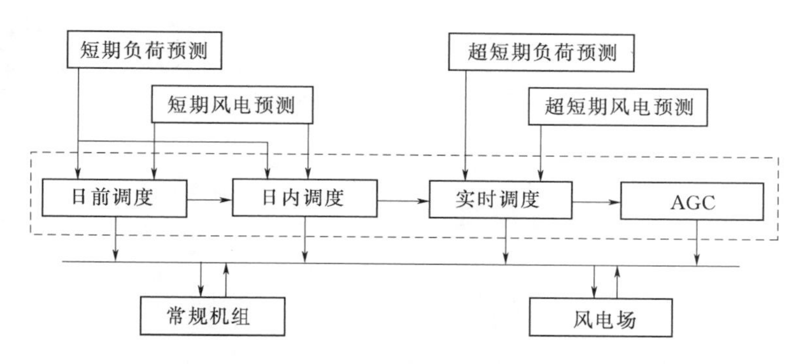

图 2-48 区域电网的风电调度与控制框架

显然，含风电场的区域电网有功调度与传统有功调度模式相比，新增了短期与超短期风电功率预测和辅助调频控制功能[23]。

1. 短期与超短期风电功率预测

采用多时间维度的风电功率预测，并结合相同时间级的负荷预测、网络拓扑、检修计划等，综合考虑电网的安全约束，实现经济目标最优的发电计划优化编制。其中，短期风电功率预测主要用于安排日前和日内计划，超短期风电功率预测则主要用于编制实时调度计划。当风电容量占总发电容量比例不大时，风电计划功率即为预测值，并作为“负”的负荷参与发电计划优化编制，其预测偏差主要通过常规 AGC 机组的实时调节来平衡。随着风电容量所占比例的不断增加，需要将风力发电机组与常规机组一并纳入调度计划优化模型，通过机组组合与经济调度算法，同时生成风力发电机组和常规机组的发电计划。由于风电功率预测可能存在较大偏差，必须在优化模型中为常规机组留有足够的旋转备用。值得注意的是，单纯从电网运行的经济性考虑，并非消纳风电越多越好，因为消纳风电是以增加常规机组的旋转备用为代价的，而且风电消纳能力还受到电网安全约束的影响。

2. 辅助调频控制

风电场有功控制有其特殊性，与常规调频、调峰电厂相比，风电场只具备非常有限的有功调节能力。制定既可与风电场有功控制能力相匹配、又可减轻风电场给电网带来的有功/频率调整压力的控制目标，是将风电场纳入电网 AGC 首先要解决的问题。另外，储能技术提高了风电场有功输出的可控性，但这要求风电场 AGC 必须具备能量调度功能来协调储能装置的充放电过程。按风电场在系统有功调度中的参与度从低到高划分，风电场与系统 AGC 的关系分为以下层次[24]：

(1) 风电场被排除在 AGC 之外，作为“负”的负荷处理，其出力不确定性完全由系统热备用容量进行补偿。中国现有电网调度基本上处于这个阶段。

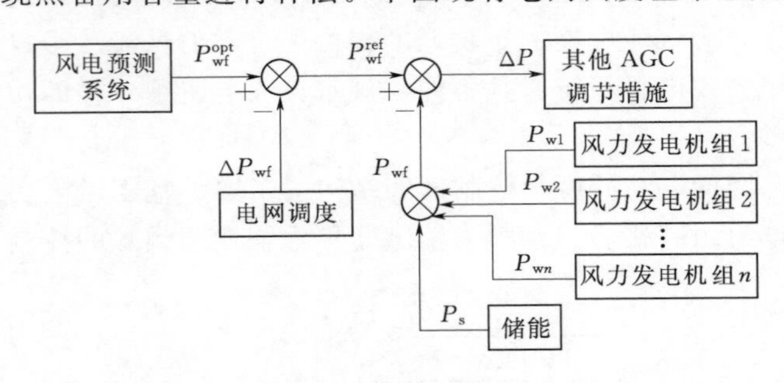

图 2-49　含风电场系统的 AGC 结构

(2) AGC 考虑风电出力（预测值），并将风电预测的不确定性与负荷预测的不确定性结合起来安排发电计划。这种模式在欧洲已有尝试，但电网原则上仍旧不干涉风电出力。

(3) AGC 实时调度风电出力。风电场在力所能及的范围内，与常规电厂一样主动响应系统的调频、调峰等需求。

含风电场系统的 AGC 结构如图 2-49 所示。

2.5.2　风电场的有功分层调度控制

图 2-50 所示为由风电调度中心站、风电集群控制主站、风电场控制执行站 3 层配置的含风电场系统有功分层调度控制的结构图[25]，具体如下：

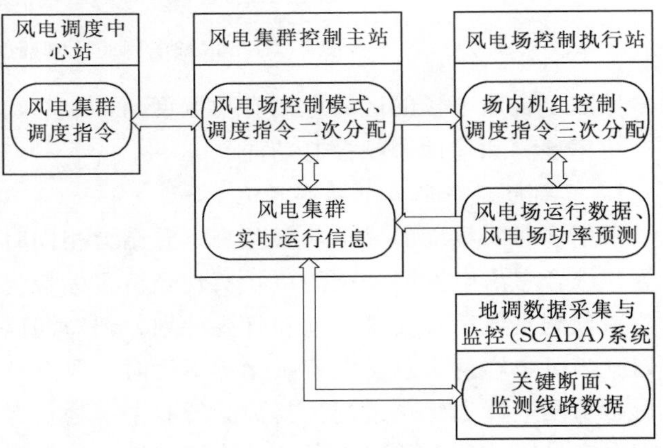

图 2-50　含风电场的有功分层调度控制

(1) 风电调度中心站。风电调度中心站设于省调度中心，风电调度自动化系统根据集群风电功率预测数据、负荷预测数据和电网运行情况等，协调优化安排常规机组和风电集群出力，计算并网风电集群有功出力的安全区域，安排风电集群的发电计划，尽可能多地接纳风电。

(2) 风电集群控制主站。风电集群控制主站一方面对所辖区域内的风电场进行实时监控，对运行数据、调节能力进行整合，实现风电集群运行信息的实时统计、风电调度中心站与风电场控制执行站之间的信息汇总和交换；另一方面响应调度中心的有功控制指令，面向风电场控制执行站，完成风电集群有功功率控制目标的二次分配，即确定参与控制的风电场及其控制目标。风电集群控制主站是实现集群分级协调控制承上启下的关键环节，其有功控制功能由风电集群有功调度和风电场信息采集构成。

(3) 风电场控制执行站。风电场控制执行站设于各个风电场及分散式风力发电机组，一方面完成风电集群控制主站分配的控制目标的三次分配，即确定参与控制的风力发电机组及其控制量；另一方面是将风电场运行信息、预测数据等实时上传至风电集群控制主站。

风电场的分层控制可以实现风电集群内风电场、分散式风电机组的统一调度与监控，并且在充分利用电网消纳风电能力的同时提高集群运行的经济性，有效解决目前风电分散控制导致的资源浪费、协调困难等问题。

2.5.3 含风电场的全网集中控制

含风电场有功调度的全网集中控制模式如图2-51所示。所有的AGC资源统一由网调来调配，网调与省调AGC机组的地位完全相同，相当于只有一个控制区域。网调可以将控制指令直接下发给所有AGC机组，也可以通过省调转发。在全网集中控制模式下，网调作为唯一的调度控制中心，负责平衡全网的有功不平衡功率，根据全网的调节资源分布情况，将调节量直接下发至网内所有AGC机组。在出力分配过程中，优先调用品质优良的调节资源，并同时考虑全网的各项安全约束条件，如AGC机组有功出力限值、支路和稳定断面有功功率限值等。由于实现了全局调节资源的统一调度，风电出力的波动可以很快平息。这种模式打破了原有的有功功率分省就地平衡机制，省际间联络线的功率波动会一定程度地增加，需要放松原有省际间交换功率计划的严格约束。全网集中控制模式的特点主要体现在以下方面：

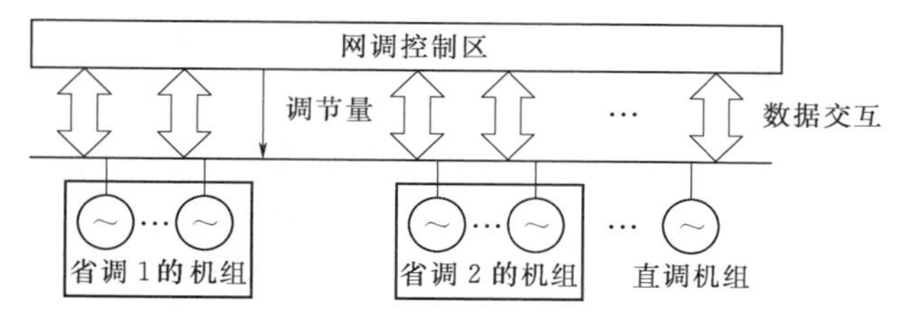

图2-51 全网集中控制模式

(1) 全网集中控制将有功平衡对象扩大到整个区域电网，在任一局部电网产生的扰动将由全网的调节资源来恢复，极大地增强了区域电网消纳大规模风电的能力。

(2) 全网集中控制将目前区域电网的两级控制、多控制区（简称多控制主体）合并为单一控制主体，既可以有效地消除多控制区之间的无序调整，又可以全面地考虑区域电网的网络安全约束，特别适用于风电比例较大的区域电网。

(3) 全网集中控制实现了全网调节资源的统一调配，不再区分是网调还是省调管辖机组。这就使网调直调机组摆脱了原有调度模式的束缚，与省调机组平等地参与电网二次调频辅助服务，也有利于降低电网的辅助服务成本，提高经济性。

(4) 全网集中控制打破了原有的省级电网功率就地平衡的机制，放松了省际联络线的传输功率约束，提高了跨省的功率支援力度。在大多数情况下，省间交换功率一定程度地偏离计划值并不会对电网安全运行构成威胁，然而，当联络线交换功率接近限值时，必须在安全约束调度（SCD）中增加相应的限值约束，以确保电网的安全稳定运行。

(5) 全网集中控制有利于消除大容量风电功率波动引发的有功不平衡，但同时会造成全网潮流较大范围的变化，容易引发支路及稳定断面的重载甚至越限。

(6) 在全网集中控制模式下，对数据通信的可靠性提出了更高的要求，控制中心需要收集整个区域电网内的联络线功率、稳定断面潮流、AGC机组调节信息等，通信数据量大为增加，信息交换较以往变得更为复杂。

全网集中控制可以方便地考虑整个电网的安全约束，实现更大范围内AGC资源的优化调配，是适应于大规模风电接入的理想控制模式。然而，这一控制模式的实现在现阶段面临着技术和管理两个方面的困难：①依赖于高度信息化与自动化的技术支撑，而建设信息集中化、决策智能化、控制一体化的统一协调控制系统是一项复杂、庞大的系统工程；②由分省平衡转为统一调度，打破了现有的分级有功控制模式，需要研究并制定与之相匹配的调度管理规程。

第3章 风电并网技术规范与要求

3.1 概　　述

随着风力发电机组容量的增加和风电场规模的扩大，风电并网的需求产生。大规模的风电接入可能对电力系统的安全稳定运行带来一系列问题：风电功率的随机性对电力系统的有功平衡和频率稳定性、无功平衡和电压控制提出了新的要求；风力发电机组中电力电子器件的引入会给电网带来电能质量问题，如谐波、电压波动及闪变等；目前风力发电机组采用最多的双馈感应发电机和永磁同步发电机组对系统的频率和电压稳定性也会产生不利影响。因而，各国根据本国的风电发展和电力系统的现状，制定风电并网技术规范以满足整个电力系统安全稳定运行的需要。制定并实施风电场并网标准是促进风电规模化持续发展、确保接入电网的风电场具备良好技术特性、保证包含风电在内的整个电力系统安全和稳定运行的必要手段。

虽然不同国家和地区的电源结构、负荷特性、电网强度等具体情况不同，不同国家的风电场并网技术规范中提出的技术要求并不完全相同，但却都强调了风电场必须具备一定的有功功率控制、无功/电压控制功能，对风电场承受系统故障及扰动的高/低电压穿越能力都作出了明确规定，并要求风电场提供模型信息、运行参数和接入系统测试报告等必要信息。随着风电在电力系统电源结构中地位的提升，风电并网技术规定也在不断完善。

3.2 国外风电并网技术规范与要求

1. *丹麦*

从20世纪70年代开始，丹麦建立了很多当地风电机群，这些散布在丹麦西部和东部的Lolland岛和Falster岛上的风力发电机群，就地接入当地的60kV或更低电压水平的配电网。丹麦电力工业研究院发布了丹麦的并网标准“风力发电机组与低压和中压电网并网”（或称DEFU111），标准中不包含电网稳定性问题，一旦电网故障发生，风电即刻脱离电网，当地电网常规电厂必须考虑风电退出带来的功率损失等一系列的问题。

丹麦的海上风电早在20世纪90年代也有了较好的发展，这类风电场的容量大，需要直接接入100kV以上电压等级的电网，Eltra公司的《风电场与输电网并网规范》（Eltra，2000）适应于风电场并网电压等级在100kV以上的情况。该规范规定，在短期和长期供电安全、可靠性和电能质量方面，风电场必须符合相应的最低要求以保证电力系统正常运行。

随着风电装机容量的增加，丹麦制定了新的风电并网规范，并于2004年7月开始实施。在保持短时电压稳定方面，该并网规范的重点是要求风力发电机组的故障低电压穿越能力，即电网发生故障时，不允许风力发电机组出现并发跳闸现象。

2. 德国

目前，德国电网由四家运营商控制，分别为 E. ON 电网公司、Vattenfall 欧洲输电公司、RWE 电网公司和 EnBW 输电公司，其中 E. ON 电网公司风电装机容量最大。图 3-1 为德国至 2030 年的风电装机容量预测，未来风电的增长主要来源于近海。图 3-2 是 E. ON 电网公司负荷最大一周中并网风电与电网负荷的变化，明显反映出电力供求关系的状况和并网及其功率控制的需求。

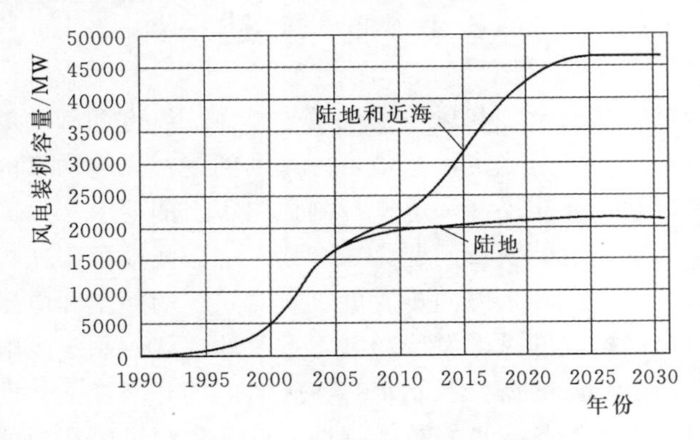

图 3-1　德国风电装机容量预测

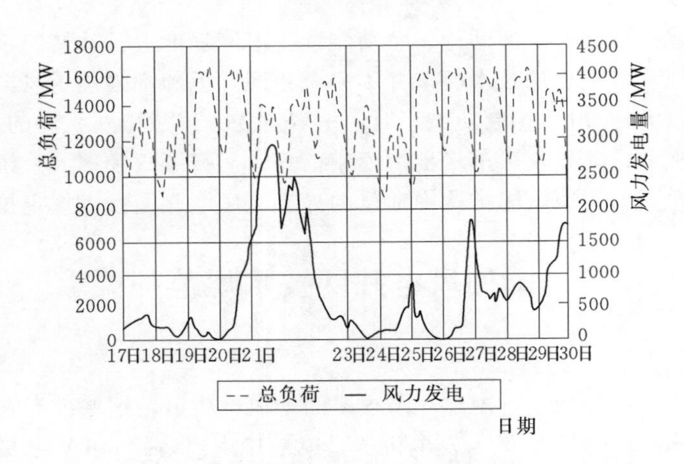

图 3-2　E. ON 电网公司负荷最大一周（11 月）中并网风电与电网负荷的变化

德国标准“中压电网中风电的并网和运行标准”由德国电业协会于 1998 年（VDEW，1998）颁布和出版。随后为了适应德国风电大规模发展及近海并网的需求，德国输电系统运营商 E. ON 电网公司连续修订其并网规范，到后来颁布的“高压和超高压电网规范”（E. ON Netz，2003）于 2003 年 8 月实施。它适用于风电场与 60～380kV 高压和超高压电网并网。大规模风电对电力系统稳定性、频率和区域间的振荡有很大影响，如果不采取适当措施，日益增加的大规模风电场和近海容量会因为无功缺额和系统扰动而导致整个系统处于危险状态。因此，与 Eltra 公司一样，E. ON 电网公司规范提出了在短时和长期供电安全、可靠性、电能质量方面的要求，以保证电力系统的正常运行。例如，E.ON电网公司在2003年1月实施的E.ON Netz GmbH，2001版规范中对与电网连接的风力发电机组提出了附加的动态性能要求，系统电压下降到图3-3所示的线上部分，风力发电机不允许断开。在风电系统中不仅要考虑有功功率平衡，还要考虑电压水平和无功功率平衡。目前德国的最新版本的规范是2006年4月颁布的。

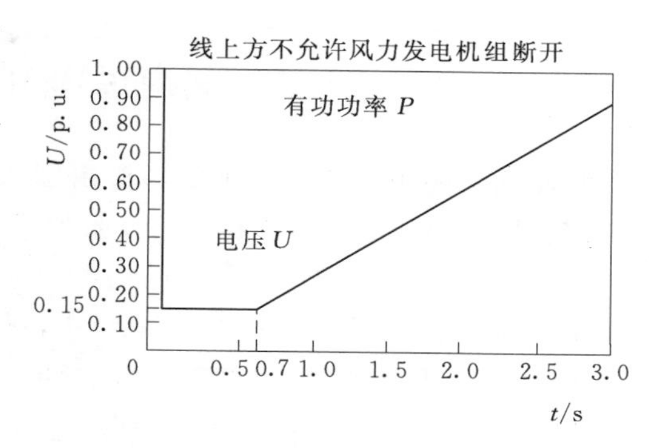

图3-3　2003年1月起E.ON电网公司执行对风电场的要求

德国风电并网方面的法规标准是适应风电并网容量快速增加、并网问题日益凸显且不断变化的基础上不断调整和完善的。2001年，德国E.ON电网公司内的Dollern地区（汉堡附近）发生了一次输电线路三相短路故障，故障导致网内全部风力发电机组（总容量270万kW）同时脱网，已接近当时全电网的最大可调节容量（300万kW），对系统造成了二次冲击，严重威胁了电网的安全稳定运行，尤其是系统的频率稳定性。事故后，E.ON电网公司及相关部门对本次事故进行了深入细致的分析，最终一致认为，类似风电等分布式电源在电网故障期间必须具备向电网提供有功和无功的支撑能力以保障电网的安全稳定运行。当年，E.ON电网公司便对风力发电机组提出了简单的故障穿越要求（提供故障后的有功支撑）。在此基础上，2003年，E.ON电网公司制定了第1部风电并网技术标准，在全世界首先提出了风力发电机组需具备低电压穿越能力的要求。2004年，德国Vattenfall电网公司（现为50Hertz电网公司）也制定了类似的新能源并网技术导则。2006年，E.ON电网公司又对原有导则提出修改，将动态无功电压支撑的要求也纳入到导则之中。至2007年，德国的电网公司基本上都针对新能源的入网制定了自己的并网技术导则。

3. 其他及最新规范

和丹麦、德国类似，风电并网规范都提出并网风电场应该有助于电力系统的电压与频率控制，即使在电网故障时电压下降和上升的情况下也应有利于电网的恢复。大多数情况下，风力发电机的功率因数应该在+0.95（滞后）和-0.95（超前）之间，频率在47.5～52Hz范围内。

其他国家，如美国、西班牙、爱尔兰等也已经制定了相关的风电并网规程。目前风电比较发达的国家最新的风电并网规程见参考文献［17］～［31］。[1]

[1] 上述风电并网规范会随着风电技术的发展而不断改进，为了方便查询和阅读，提供一些国家风电并网规范的网站如下：

丹麦　www.energinet.dk

德国E.ON Netz GmbH　www.eon-netz.com

美国联邦能源监管委员会　www.ferc.gov

西班牙Red Eléctrica de España　www.ree.es

爱尔兰ESB国家电网公司　www.eirgrid.com

英国国家电网公司　www.nationalgrid.com/uk

澳大利亚国家电网公司法规管理局　www.neca.com.au

3.3　国内风电并网技术规范与要求

我国的新能源并网技术规范主要由国家标准（GB 系列）、行业标准（主要是能源行业标准 NB 系列和电力行业标准 DL 系列）和企业标准组成，其中国家标准和行业标准具有约束力，而企业标准缺乏有效的约束力，难以强制执行。

在我国已颁布的风电并网技术规范中，较早的是 2005 年 12 月 31 日发布、2006 年 2 月 1 日正式实施的 GB/Z 19963—2005《风电场接入电力系统技术规定》标准，该文件是当时风电场并网的重要标准，但是该技术规定为指导性文件，内容较为原则，相关标准偏低，对执行电网调度指令的有功功率自动控制能力、无功功率动态连续调节能力、低电压穿越能力等对电网运行产生重要影响的相关内容缺失，已不能满足风电大规模开发的要求，迫切需要修订。

2009 年 12 月，国家电网公司颁布 Q/GDW 392—2009《风电场接入电网技术规定》企业标准，规定中提出了风电场需要具备功率控制、功率预测、低电压穿越、监控通信等功能要求，基本做到了与国外标准接轨，但尚未上升到国家标准，约束能力有限。

2010 年 12 月，中国电力科学研究院在 Q/GDW 392—2009《风电场接入电网技术规定》的基础上，牵头组织各有关单位修订了 GB/Z 19963—2005《风电场接入电力系统技术规定》国家标准，通过审查，并以 GB/T 19963—2011《风电场接入电力系统技术规定》正式颁布，并于 2012 年 6 月 1 日起开始实施。

目前我国最新颁布的两部风电场并网规范有国家标准 GB/T 19963—2011《风电场接入电力系统技术规定》和行业标准 NB/T 31003—2011《大型风电场并网设计技术规范》，主要针对陆地风电场的并网要求，前者规定通用技术要求，后者主要针对装机容量 200MW 及以上、并入 220kV 及以上电网的大型风电场，分别对电力系统接纳风电能力、风电场接入电压等级和接线、风电场有功功率和无功功率调节、电能质量控制、风力发电机组性能、风电场电气二次部分等内容提出了要求。

对于海上风电场，总体原则和基本要求可以等同或参照执行，但某些问题宜按照海上风电场的特点，作出相应的补充要求和调整要求。当前，基于有关科研项目的研究成果和吸收欧洲国家的经验，中国电力科学研究院和国网经济技术研究院等单位已经编制国网企业标准《海上风电场接入电网技术规定》，以后可能再改编为国家标准和行业标准。该规范将提出海上风电并网点为图 3-4 所示的位于陆上的并网点 B，而不是按前述两部已颁

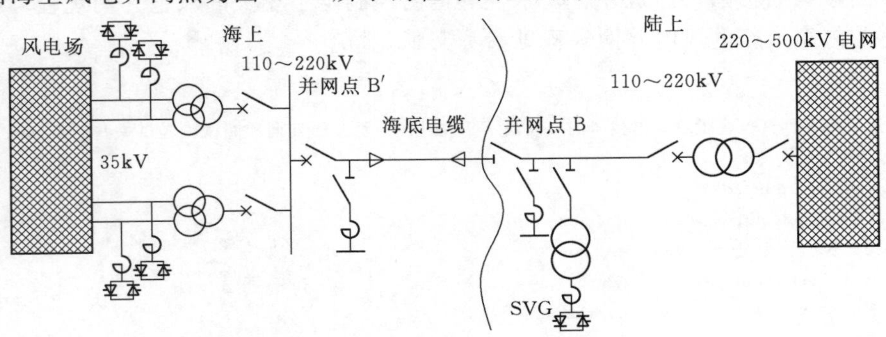

图 3-4　海上风电并网点及补偿装置设置图

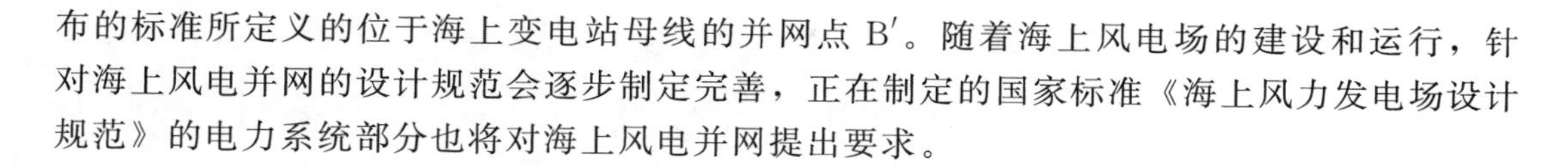

布的标准所定义的位于海上变电站母线的并网点 B′。随着海上风电场的建设和运行，针对海上风电并网的设计规范会逐步制定完善，正在制定的国家标准《海上风力发电场设计规范》的电力系统部分也将对海上风电并网提出要求。

3.4 国内外风电并网技术规范比较

虽然各国的风电并网规范无一例外地都强调风电场必须具备一定的有功功率控制、无功/电压控制功能，对风电场承受系统故障及扰动的低电压穿越能力作出了明确规定，并要求风电场提供模型信息、运行参数和接入系统测试报告等必要信息。但由于不同国家和地区的电源结构、负荷特性、电网强度等具体情况不同，不同国家的风电并网技术规范中的技术要求并不完全相同，本节将比较各国的风电并网技术规范存在共性和差异。

3.4.1 有功功率控制

为了维持电力系统发电、用电功率实时平衡，保证系统频率恒定，防止输电线路过载，确保故障情况下系统稳定，各国风电并网技术规范都对风电场有功功率控制提出了要求，各国均规定风电场在连续运行和切换操作（启动和停机）时必须具有控制有功功率的能力，其基本要求是：① 控制最大功率变化率；②在电网特别情况下限制风电场的输出功率，甚至切除风电场。另外，国外许多风电并网技术规范还规定了风电场应具有降低有功功率和参与系统一次调频的能力，并规定了降低功率的范围和响应时间，以及参与一次调频的调节系统技术参数。

例如，德国输电网运营商 E.ON 电网公司 2006 年的并网标准规定，在最小输出功率以上的任何功率运行区间内，风电场功率输出都必须能在降低出力的状态下运行，并能在最小功率和最大功率之间的全部范围内以每分钟 1%额定功率的恒定速度变化；在频率降落到图 3-5 的曲线以上时，必须保持有功出力不降低；即使风电场处于降低功率运行状态，当运行频率高于 50.2Hz 时，所有可再生能源发电机组的当前有功功率都必须以发电

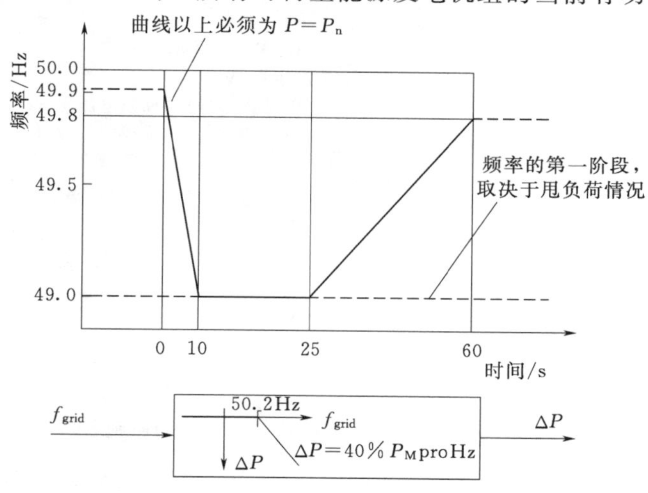

图 3-5 E.ON 对频率和有功支持的技术要求

机当前功率 40％的梯度降低，即

$$\Delta P = 20P_{M}\frac{50.1 - f_{grid}}{50} \tag{3-1}$$

式中　P_{M}——当前功率；

ΔP——降低功率；

f_{grid}——电网频率，$50.2\text{Hz} < f_{grid} \leqslant 51.5\text{Hz}$。

在 $47.5\text{Hz} \leqslant f_{grid} \leqslant 50.2\text{Hz}$ 范围内，没有限制；当 $f_{grid} < 47.5\text{Hz}$ 或 $f_{grid} > 51.5\text{Hz}$ 时，从电网切除。

当频率恢复到 50.05 Hz 时，可以再提高馈送功率。电压降落期间，风电场必须提高其无功电流以支持电网电压。为此，在电压降落达到发电机电压有效值 10％以上时，电压控制必须启动，如图 3-6 所示。

$$K = (\Delta I_{B}/\Delta I_{B})/(\Delta U/U_{n}) \geqslant 2.0\text{p.u.} \tag{3-2}$$

$$I_{B\_max} \leqslant I_{n} \tag{3-3}$$

$$v < 20\text{m/s} \tag{3-4}$$

其中

$$\Delta U = U - U_{0}$$

$$\Delta I_{B} = I_{B} - I_{B0}$$

式中　U_{n}——额定电压；

U_{0}——故障前电压；

U——故障期间电压；

I_{n}——额定电流；

I_{B0}——故障前无功电流；

I_{B}——故障期间无功电流；

I_{B_max}——最大允许无功电流；

v——上升速度。

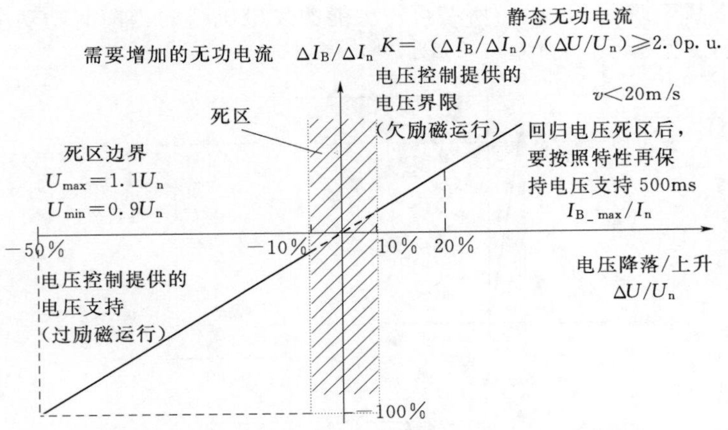

图 3-6　E. ON 对电网发生故障时电压的原则要求

丹麦的风电并网技术规范要求风电场出力必须能限制在额定功率的 20％～100％范围内随机设置的某个值上，其上行和下行调节速度应可设置为每分钟 10％～100％额定

功率。

我国国家标准 GB/T 19963—2011《风电场接入电力系统技术规定》中提出“风电场应配置有功功率控制系统，能够接收并自动执行电力系统调度机构下达的有功功率及有功功率变化的控制指令并进行相应调节，具备有功功率调节和参与电力系统调频、调峰和备用的能力”。同时对风电场有功功率变化给出了最大限值，见表 3-1。

表 3-1　正常运行情况下风电场有功功率变化最大限值

风电场装机容量/MW	10min 有功功率变化最大限值/MW	1min 有功功率变化最大限值/MW
＜30	10	3
30～150	装机容量/3	装机容量/10
＞150	50	15

我国国家标准还规定“在电力系统事故或紧急情况下，要求风电场应根据电力系统调度机构的指令快速控制其输出的有功功率，必要时可通过安全自动装置快速自动降低风电场有功功率或切除风电场；此时风电场有功功率变化可超出电力系统调度机构规定的有功功率变化最大限值”。当电力系统频率高于 50.2Hz 时，我国国家标准要求风电场按照电力系统调度机构的指令降低风电场有功功率。考虑到各地区电网状况、电网中其他电源的调节特性、风力发电机组运行特性及其技术性能指标等因素的差异较大，标准中没有给出统一的数值要求，需区别对待。

上述比较可见，国外诸如丹麦、德国等国家的风电并网技术规范都对风电场的有功功率控制能力提出了具体要求，要求风电场不仅能够控制有功出力的变化速度，同时还要求风电场具有根据电网的实际情况和调度要求控制到某一个功率输出值的能力。我国的国家标准主要针对正常运行和电力系统事故或紧急情况下的有功功率控制提出了一般性要求，同时充分考虑了我国风电发展的实际情况和发展水平。

3.4.2　频率控制

在电力系统中，频率是供需平衡或不平衡的重要标志。正常运行的电力系统频率应该接近额定频率。在欧洲国家，频率一般控制在（50±0.1)Hz 以内，很少超出 49～50.3Hz 频率范围。

在供需不平衡的情况下，可以通过一次调频和二次调频使电力系统回到平衡状态。例如：当需大于供时，大型同步发电机中存储的旋转能量用来保持供需间的平衡，使得发电机转速降低，从而导致系统频率降低；电力系统中有些机组装备了频率敏感设备，这些机组被称为一次调频机组，此时，一次调频机组将增加它们的发电量直到供需间恢复平衡，频率保持稳定，一次调频时间大约为 1～30s；二次调频在 10～15min 后启动，使电网频率恢复到额定值，并释放使用的一级备用。二次调频使发电量缓慢增长或下降，一些国家使用自动发电控制，而另一些国家，二次调频是按照系统运营商的要求人工完成的。

正常运行时，风电场功率在 15min 时间内的变化幅度可达装机容量的 15%，这就可能导致系统中供需的较大不平衡，极端风况条件可能引起更大的不平衡。风力发电机使用的发电技术与传统发电厂不同，只具有有限的一次调频能力，无法达到传统发电机的控制能力。但是，爱尔兰国家电网公司要求风电场具备3%～5%的一次调频能力（与热电厂的要求相同），且要求风电场能参与二次调频。在频率过高时，可以通过关掉风电场中的部分风力发电机组或采用桨距控制来解决调频的问题。由于风无法控制，风电场在正常频率的发电时将采取减载方式，以便具备在频率过低时提供二次调频的能力。随着风电容量的不断增加，各国对风电运行范围提出了要求。GB/T 19963—2011《风电场接入电力系统技术规定》中关于风电运行频率范围的技术要求见表3-2。加拿大Quebec电力公司针对风电等电源接入的技术要求为：①实时有功出力不小于25%额定功率的所有发电单元应具备调节频率的能力；②调节幅度不小于6%额定功率，其持续时间要求为5～15s（默认值为9s）；③电网频率控制死区可在－0.1～1.0Hz内调整（以额定频率为基准）；④功率上升时间应不大于1.5s；⑤有功功率恢复期间，有功功率下降速度最低不超过额定功率的20%；⑥超发运行模式2min之内不允许启动第二次。加拿大SaskPower公司并网规范技术中要求：当电网出现高频时，发电单元应参与系统的一次调频；当电网出现低频时，发电单元应提供基于惯性控制的频率响应。发电单元的频率运行范围要求见表3-3。西班牙标准要求风力发电机组提供1.5%P_n的备用容量。德国标准要求100MW及以上容量的风电场具备2%P_n的一次调频调节能力。大不列颠电网标准要求所有风电场提供10%的一次调频容量。爱尔兰国家电网公司要求风电场具备3%～5%的一次调频能力（与热电厂的要求相同），且要求风电场能参与二次调频。在频率过高时，可以通过关掉风电场中的部分风力发电机组或桨距控制来解决调频的问题。由于风无法控制，风电场在正常频率下发电时将采取减载方式，以便具备在调频率过低时提供二

表3-2 风电运行频率范围技术要求

系统频率范围	要 求
<48Hz	根据风电场内风电机组允许运行的最低频率而定
48～<49.5Hz	每次低于49.5Hz时要求风电场具有至少运行30min的能力
49.5～50.2Hz	连续运行
>50.2Hz	每次频率高于50.2Hz时，要求风电场具有至少运行5min的能力，并执行电力系统调度机构下达的降低出力切机策略，不允许停机状态的风力发电机组并网

表3-3 加拿大SaskPower公司频率运行范围要求

频率/Hz	最小时间延时/s	频率/Hz	最小时间延时/s
≥62.0	0.0	<59.0～59.3	300
61.2～<62.0	30.0	<58.4～59.0	80.0
<60.5～61.2	2700.0	<58.0～58.4	30.0
59.5～60.5	不允许自动跳闸	<57.6～58.0	7.5
<59.3～<59.5	2700.0	≤57.6	0.0

次调频的能力。丹麦 Eltra 公司规范也要求风电场在系统故障后出现频率剧烈变化时应该参与系统频率控制。

3.4.3 风电功率预测

风电功率预测技术是缓解电网调峰压力、降低系统备用容量、提高电网风电接纳能力的有效手段之一。风电场通过功率预测系统向电力系统调度机构上报发电计划，有利于调度机构有效安排电源开机方式，提前做好调峰应急预案，有助于确保电力系统的可靠供电与稳定运行。同时，风电功率预测技术还可以指导风电场检修计划，提高风能利用率，改善风电场的经济效益。

当前，欧美几个风电装机比例较高的国家在风电场端和电网调度端都建立了风电功率预测系统，并制定了相应的管理制度。丹麦、西班牙等国的可再生能源法赋予风电场优先上网权，但规定风电需参与电力市场交易，因此，功率预测作为风电参加电力市场的支撑手段，得到了广泛的应用。美国新墨西哥电力公司（PNM）和美国得克萨斯州电力可靠度委员会（ERCOT）等机构对风电场开展功率预测提出强制性要求。我国国家标准规定“风电场应配置风电功率预测系统，具有 0～72h 短期以及 15min～4h 超短期风电功率预测功能”；同时还规定“风电场每天按照电力系统调度机构规定的时间上报次日 0～24h 风电场发电功率预测曲线，每 15min 自动向电力系统调度机构滚动上报未来 15min～4h 的风电场发电功率预测曲线，预测值的时间分辨率均为 15min”。

3.4.4 无功配置和电压控制

风电场向电网输送有功功率的同时，需要从电网吸收无功功率，从而影响系统电压稳定。按电力系统无功分层分区平衡原则，风电场所消耗的无功需要由风电场的无功电源来提供；在系统需要支持时，大容量的风电场还应能向电网中注入所需无功电流，以维持风电场并网点电压稳定。风电场无功配置原则与电压控制的要求是所有风电并网技术规范中的基本内容，目的是为了保证风电场并网点的电压水平和系统电压稳定。国外一些国家的风电并网标准中对风电场无功容量的要求见表 3-4。我国国家标准中充分考虑到各风电场的无功容量配置需求与风电场容量规模及所接入电网的强度有密切关系，对不同规模及不同接入电压等级的风电场分别提出了相应的要求，其无功容量配置原则见表 3-5。

表 3-4 国外风电并网标准规定的无功容量配置要求

标准	无功容量配置要求
丹麦 Energinet. dk 公司标准	风电场应安装无功补偿装置以保证无功功率可控；风电场需具有通过风电场控制系统对全场的无功进行调节的能力
德国 E. ON 电网公司标准	风电场根据系统需要配置相应的无功补偿装置；风电场功率因数应在超前 0.950 到滞后 0.925 之间可调，电压水平不同时的要求也不同
美国 FERC 标准	风电场具有控制并网点功率因数在超前 0.95 到滞后 0.95 之间的能力，同时根据系统要求配置相应的无功补偿装置

表3-5 我国风电并网标准规定的无功容量配置原则

并网方式	风电场无功配置原则
直接接入	其配置的容性无功容量能够补偿风电场满发时场内汇集线路、主变压器的感性无功及风电场送出线路的一半感性无功之和，其配置的感性无功容量能够补偿风电场自身的容性充电无功功率及风电场送出线路的一半充电无功功率
通过220kV（或330kV）风电汇集系统升压至500kV（或750kV）电压等级接入	对于送出线路部分，不论是容性还是感性补偿容量，都要求全部补偿

对于风电场的电压控制，德国E.ON电网公司并网标准要求，根据电压等级的不同，正常运行的风电场要将并网点电压控制在如下范围：①380kV电压等级，－8%～＋11%；②220kV电压等级，－12%～＋11%；③110kV电压等级，－13%～＋12%。如果并网点（PCC）电压降低并一直保持在0.85p.u.以下，且从系统吸收无功，则风电场必须在0.5s延时后从电网切除。

我国国家标准规定“风电场应配置无功电压控制系统，应具备无功功率调节及电压控制能力。根据电力系统调度机构指令，风电场应能自动调节其发出（或吸收）的无功功率，实现对风电场并网点电压的控制，其调节速度和控制精度应能满足电力系统电压调节的要求”；并且“当公共电网电压处于正常范围内时，风电场应当能够控制风电场并网点电压在标称电压的97%～107%范围内”。

由表3-2可见，国外对风电场的无功容量配置主要为控制功率因数范围，超前0.95到滞后0.95的范围等于要求风电场具备满发出力33%的无功容量，0.925的功率因数对应的这一数值更是达到了41%，而根据中国大量风电场实际接入电网的结果表明，风电场无功配置容量与维持功率因数的关系并非那么简单。因此，我国的风电并网标准在充分考虑无功功率分层分区平衡原则的基础上，针对不同规模及不同接入电压等级的风电场分别提出了相应的要求，这样在满足系统需求的前提下可以避免风电场投资浪费。

3.4.5 电压穿越

风电场电压穿越问题最早提出的是低电压穿越（Low Voltage Ride Through，LVRT），之后又提出了高电压穿越（High Voltage Ride Through，HVRT）。低电压穿越是指当电力系统事故或扰动引起并网点电压跌落时，在一定的电压跌落范围和时间间隔内，风力发电机组（风电场）能够保证不脱网连续运行的能力。低电压穿越能力除了包括不间断的连续运行能力外，还包括风力发电机组故障期间向电网注入无功电流、在电压降落情况下帮助恢复并网点电压，以及在故障后快速恢复到故障前的有功出力状态的能力。图3-7为部分国外风电并网技术规范中的低电压穿越要求的示意图。

丹麦Energinet.dk公司的要求为：当三相短路故障导致风电场并网点电压跌至0时，风力发电机组应能够保持不脱网连续运行250ms。在电压恢复到0.9p.u.后，应在不迟于10s内满足与电网的无功功率交换要求。电压降落期间，风电场无功电流必须达到风电场标称电流值。

德国E.ON电网公司对第二类电源（Type 2）所提出的要求为（也适用于风力发电

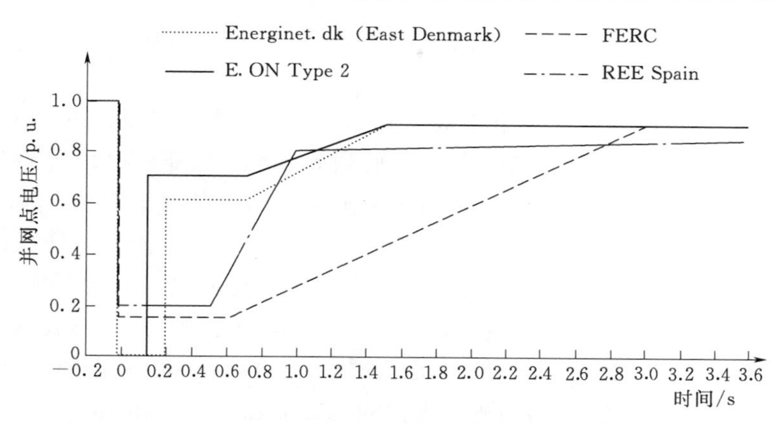

图 3-7 部分国外风电并网技术规范中的低电压穿越要求

机组）：当三相短路故障导致风电场并网点电压跌至 0 时，风力发电机组应能够保证不脱网连续运行 150ms。该标准要求新建的风电场/风电力发电机在电压降落期间必须能发出无功电流以支持电网电压。在故障确认后 20 ms 内，必须能启动电压支持功能，向发电机变压器低压侧输送无功电流，使每个百分点电压降落至少提供 2%额定电流的无功电流。如果必要，需注入 100%额定电流的无功电流。

美国 FERC 针对接入输电网的装机容量大于 20MW 的风电场提出的要求为：风电场并网点电压跌至 0 时，风电场内的风力发电机组能够保证不脱网连续运行 4～9 周波，同时要求风电场在系统需要的情况下应能提供足够的动态无功支撑，以维持系统稳定。

西班牙 REE 公司针对所有接入其电网的电厂提出的要求为：当风电场并网点电压跌至 0.2p.u. 时，风力发电机组应能够保证不脱网连续运行 500ms；并网点电压在发生跌落后 1s 内能够恢复到 0.8p.u. 时，风力发电机组能够保证不脱网连续运行；并网点电压在发生跌落后 15s 内能够恢复到 0.95p.u. 时，风力发电机组能够保证不脱网连续运行。对于风力发电机组（风电场）在故障期间是否提供无功电压支撑，该标准没有强制性要求。

我国的风电并网技术规范对风电场低电压穿越能力的要求见图 3-8。该标准规定：

（1）风电场并网点电压跌至 20%标称电压时，风电场内的风力发电机组能够保证不脱网连续运行 625ms。

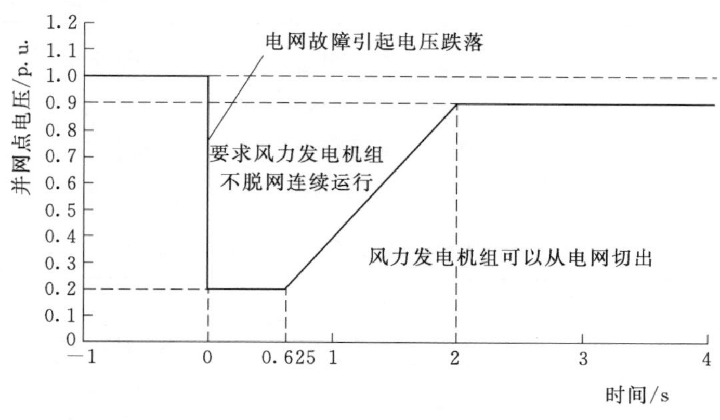

图 3-8 我国风电场低电压穿越要求

(2) 风电场并网点电压在发生跌落后2s内能够恢复到标称电压的90%时，风电场内的风力发电机组能够保证不脱网连续运行。

上述规定中，风电场最低穿越电压取为0.2p.u. 主要是考虑了当风电场送出线路发生短路故障时，风电场并网点的电压大都降低到0.2p.u. 以下，此时允许风电场切除。此外，我国国家标准对总装机容量在百万千瓦级规模及以上的风电场群中的风电场，还提出了当电力系统发生三相短路故障引起电压跌落时动态无功支撑能力的具体要求。

可以看出，国际上所有风电装机比例较高的国家都对风电场低电压穿越能力提出了要求，丹麦和德国要求风电场实现零电压穿越。我国近几年风电场容量和风电总装机规模都越来越大，然而由于一些风力发电机组不具备低电压穿越能力导致的大规模风力发电机组脱网事故频发，为了减小这种情况对电力系统的影响，我国的国家标准对风电场低电压穿越能力也提出了要求。考虑到国产风力发电机组生产技术水平的现状，没有要求风力发电实现零电压穿越。

表3-6汇总了各国国家标准中规定的低电压穿越关键技术指标。

表3-6 各国国家标准中规定的低电压穿越关键技术指标汇总

国家标准	范围	深度	类型	时间/ms	故障恢复时间	无功
中国 GB	≥66kV	20%U_n	1/2/3	625ms	2s后90%U_n	1.05I_n
德国 E.ON	>110kV	0%U_n	1/2/3	150ms	1.5s后90%U_n	1.0I_n
丹麦 UCTE	>100kV, >1.5MW	0%U_n	1/2/3	150ms	0.7s后60%U_n; 1.5s后90%U_n	无
爱尔兰 ESB	≥110kV	15%U_n	1/2/3	625ms	3s后90%U_n	1.0I_n
英国 NGC	≥132kV, ≥5MW	15%U_n	1/2/3	140ms	1.2s后80%U_n; 2.5s后85%U_n; 3min后90%U_n	1.0I_n
美国 WECC	≥115kV	0%U_n	1/2/3	150ms	1.75s后90%U_n	1.0I_n
美国 FERC	≥115kV, ≥20MW	0%U_n	1/2/3	150ms	3s后90%U_n	1.0I_n
		15%U_n		625ms		
澳大利亚 NER	≥100kV	0%U_n	1/2/3	120ms	2s后80%U_n；10s后90%U_n	1.0I_n
南非 RSA	所有	0%U_n	1/2/3	150ms	2s后85%U_n；20s后90%U_n	1.0I_n
北欧 NCC	≤132kV	0%U_n	1/2/3	250ms	0.25s后25%U_n；0.75s后90%U_n	1.0I_n

关于高电压穿越问题的技术要求，各国电网运行部门根据自身实际情况对风电场的电力接入也提出了相关的技术要求。国家电网公司发布的企业标准Q/GDW 1878—2013《风电场无功配置及电压控制技术标准》明确规定了针对风电机组的高电压技术要求，见表3-7。表3-8汇总了其他国家的高电压穿越的技术要求。

表3-7 我国风电机组高电压穿越技术要求

并网点工频正序电压值/p.u.	运行时间
$1.1<U_T\leqslant1.15$	具有每次运行2s能力
$1.15<U_T\leqslant1.2$	具有每次运行200ms能力
$1.2<U_T$	退出运行

表 3-8　各国高电压穿越技术要求汇总

标准类型	适用电压范围/kV	HVRT 要求
约旦	400、132	（1.1～1.2）p.u. 时保持联网至少 60s >1.2p.u. 时保持联网至少 0.1s （1.2～1.3）p.u. 时保持联网至少 0.1s
德国 E.ON	110、220、380	
丹麦	>100	
加拿大 Quebec	≥69	（1.1～1.15）p.u. 时保持联网至少 300s （1.15～1.2）p.u. 时保持联网至少 30s （1.2～1.25）p.u. 时保持联网至少 2s （1.25～1.4）p.u. 时保持联网至少 0.1s >1.4p.u. 时保持联网至少 0.033s
美国 WECC	115、230、345	（1.1～1.15）p.u. 时保持联网至少 3s （1.15～1.175）p.u. 时保持联网至少 2s （1.175～1.2）p.u. 时保持联网至少 1s >1.2p.u. 时可以跳闸
澳大利亚 NER	100、250、400	（1.1～1.3）p.u. 时保持联网至少 0.9s >1.3p.u. 时保持联网至少 0.06s
南非 RSA	TS、DS	>1.1p.u. 时保持联网至少 2s >1.2p.u. 时保持联网至少 0.16s

3.4.6　风电场的模型要求

风电场并网对电力系统的影响研究一般需要进行电力系统仿真分析。标准要求风电场开发商提供风电场的电气仿真模型，并通过仿真手段确认风电场符合并网标准要求。

丹麦并网标准中要求风电场进行低电压穿越特性的仿真验证，并要求风电场业主向电网公司提供风电场仿真模型。德国中压并网标准提出，风电场对电网短路故障的响应性能要进行仿真计算，采用的风力发电机组仿真模型应是通过与测试数据对比验证后的模型。与此同时，德国还制定了风力发电机组模型验证方面的标准。我国国家标准规定“风电场开发商应提供可用于电力系统仿真计算的风力发电机组、风电场汇集线路及风力发电机（风电场）控制系统模型及参数，用于风电场接入电力系统的规划设计及调度运行。同时，风电场应跟踪其各个元件模型和参数的变化情况，并随时将最新情况反馈给电力系统调度机构”。

3.4.7　并网技术规范的讨论与发展

上述对各国并网技术规范的比较说明，各国的规范都有所不同，某些甚至难以找到通用的技术判据，特别是在电能质量（如闪变和谐波限制等）方面。各国规范的诸多差异是由不同的风电渗透率和各异的电力系统强度所造成。如电网较弱的苏格兰和爱尔兰，必须考虑风电对电力系统稳定性的影响，与拥有强壮电网的国家相比，即使这些地区的风电穿透功率很低，他们仍然要强调风力发电机组要具有故障穿越能力。一般来说，随着风电容量的增加，风电并网规范修订的技术要求有更加严格的趋势，新风电并网技术规范有可能在以下方面增加相关要求：

(1) 风力发电机组运行范围在47～52Hz（对欧洲电网）。

(2) 在频率变化时控制有功功率。

(3) 限制功率增加速度。

(4) 按照电力系统要求，提供或吸收无功功率。

(5) 基于电网测量，通过调节无功功率支撑系统电压控制。

应该强调的是，并网技术规范的更多要求必然会不同程度地增加风力发电机组的生产成本。风电并网技术规范的提出是出于保证电力系统安全运行的需要，当风电并网不再威胁电力系统，也就没有必要提出更高的并网要求了。

3.5　我国风电并网准入和安全评价

近几年我国风电发展迅猛，但由于运行经验和对电网影响的认识不足，西北电网曾发生大面积脱网事故，原国家电力监管委员会2011年5月以办安全〔2011〕26号文发出《关于切实加强风电场安全监督管理遏制大规模风电机组脱网事故的通知》，国家能源局2011年6月以国能新能〔2011〕182号文发出《国家能源局关于加强风电场并网运行管理的通知》，之后，原国家电力监管委员会2012年3月又以电监安全〔2012〕16号文发出《关于加强风电安全工作的意见》。

风电场并网安全性评价，作为电力安全生产监督管理工作的重要手段，对全面诊断和评价风电场并网运行安全保障能力、维护电网和并网风电场安全稳定运行有着十分重要的意义。为进一步加强风电场安全生产监督管理，有效开展风电场并网安全性评价工作，2011年9月，原国家电力监管委员会组织制定并颁发了《风力发电场并网安全条件及评价规范》。

《风力发电场并网安全条件及评价规范》依据风电场并网安全评价相关标准，应用安全系统工程风险评价原理和方法，辨识与分析风电场及涉网安全运行设备、设施、装置、技术管理及安全管理工作中影响电网和风电场安全稳定运行的危险因素，预测其发生事故的可能性及其严重程度，提出科学、合理、可行的安全对策和措施建议，作出相应的评价结论。

《风力发电场并网安全条件及评价规范》将风电场并网安全性评价项目分为两类，一类为必备项目，另一类为评价项目。

必备项目评价的是风电场并网运行的最基本要求，主要包含对电网和风电场的安全运行可能造成严重影响的技术和管理内容，项目内容由18大条组成。

评价项目主要用于评价并网风力发电机组及直接连接相关的设备、系统、安全管理工作中影响电网和风电场安全稳定运行的危险因素的风险度，分电气一次设备28条（其中风力发电机组与风电场8条，高压变压器6条，涉网高压配电装置5条，过电压5条，接地装置3条，涉网设备的外绝缘1条）、电气二次设备25条（其中继电保护及安全自动装置9条，电力系统通信7条，调度自动化5条，直流系统4条）、安全管理15条（其中现场规章制度4条，安全生产监督管理1条，技术监督管理3条，应急管理2条，电力二次系统安全防护2条，反事故措施制定与落实2条，安全标志1条）。

第4章　风电并网对电力系统的影响

4.1　风力发电机组的低电压穿越问题及控制

4.1.1　低电压穿越基本问题及要求

1. 低电压穿越基本问题

若风力发电机组容量相对较小且分散接入，电网故障时其退出运行，不会对电网稳定运行造成影响。随着风力发电技术的日益成熟，风力发电机组装机容量以及数量都在不断增大，电网的风电渗透率越来越高，并网风电场的运行对电网安全稳定的影响不容忽视。当电网故障导致电网电压跌落并超出允许的限值时，大量的风力发电机组将会自动解列脱网运行，这对于风电渗透率较高的电网将会造成严重的影响。

为维持电力系统的稳定运行，除要求提高风力发电机组自身的技术水平外，各国电网公司都相继对风电场的并网提出了更严格的技术要求，包括低电压穿越（Low Volatage Ride - Through，LVRT）能力、无功控制能力以及输出功率控制能力等。其中低电压穿越被认为是对风力发电机组设计制造技术的最大挑战。

低电压穿越能力除了要求风力发电机组在电力系统事故或扰动引起并网点电压跌落时维持并网运行外，还包括风力发电机组向电网发送无功功率，以及在电压降落的情况下帮助恢复电压的能力，能够穿越低电压事件的风电场将产生故障电流，并且在故障后快速恢复到正常运行时可能出力的状态。低电压穿越能力可以向电力系统提供一些关键的支持：①在故障期间提供无功功率和有功功率，有利于系统从故障中恢复；②提供控制功能如电压/频率响应，有利于电力系统恢复到正常运行状态。

2. 低电压穿越能力要求

随着并网风电装机容量不断增加，各国相继根据本国风电实际运行状况制定了低电压穿越标准。其中德国 E. ON 电网公司制定的标准影响较大，如图 4 - 1 所示。其中，如果电网电压降低到 15%正常电压时，要求风力发电机组保持并网至少 625ms，而在电压跌落到 90%以上时风力发电机组应一直保持并网，如图 4 - 1 中的阴影部分。

丹麦的风电并网标准还进一步详细规定了单相、两相和三相故障下低电压的要求，要求三相故障从额定电压的 20%～75%开始，持续 10s，如图 4 - 2 所示；同时还要求风电场应在电压重新达到 0. 90p. u. 以上后，不迟于 10s 发出额定功率；且电压降落期间，并网点的有功功率应满足

$$P_{\mathrm{nod}} \geqslant k_{\mathrm{p}} P_{\mathrm{nod}}\big|_{t=0} \left(\frac{U_{\mathrm{nod}}}{U_{\mathrm{nod}}\big|_{t=0}} \right)^2 \tag{4-1}$$

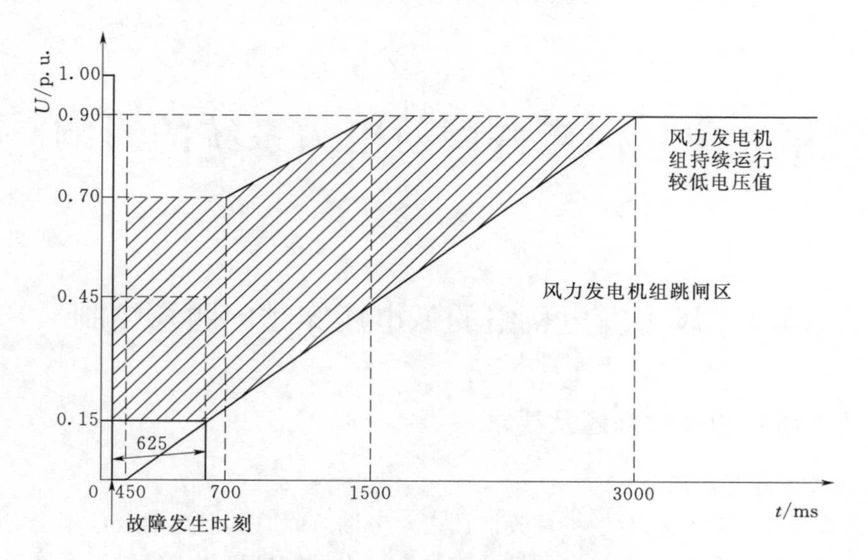

图4-1　德国E.ON电网公司制定的低电压穿越能力要求

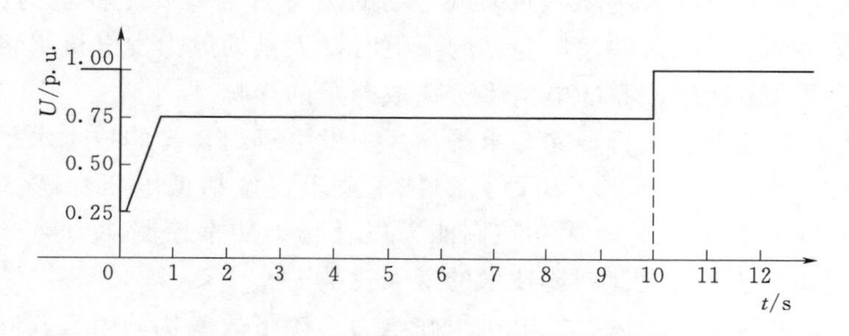

图4-2　丹麦风电并网准则中对于三相故障时低电压穿越要求

式中　P_{nod}——并网点测得的当前输出有功功率；

$P_{nod}|_{t=0}$——电压降落前一刻在并网点测得的功率；

U_{nod}——并网点测得的当前电压；

$U_{nod}|_{t=0}$——电压降落前并网点电压；

k_p——考虑电压降落对发电机机端影响的降低系数。

在电压恢复到0.90p.u.后，应在10s内满足与电网的无功功率交换要求。电压降落期间，风电场必须尽量发到风电场额定电流大小的无功电流。

另外丹麦风电并网准则中要求两相短路100ms后间隔300ms再发生新的100ms短路时不发生切机，单相短路100ms后间隔1s再发生一次新的100ms电压降落时也不发生切机。

美国制定的风电场低电压穿越标准与我国并网准则类似，但是要求风电场并网点的电压跌至0时，风电场内的风力发电机组能够保证不脱网连续运行4～9周波，同时要求风电场提供足够的动态无功支撑能力。

考虑到我国风电大规模集中开发、远距离高压传输的特点，制定并网标准仅针对百万、千万级规模及以上的风电场群在低电压穿越过程中的动态无功支撑能力要求，且也只针对三相故障引起的电压跌落情况。2011年年初由中国电力科学研究院起草并发布了国家标准GB/T 19963—2011《风电场接入电力系统技术规定》，详细规定了我国风电场低电压运行能力的要求，见第3.4.5小节。

4.1.2 低电压穿越控制技术

随着风力发电机组的广泛应用，国内外许多专家学者都对在系统发生故障时风力发电机组的低电压穿越能力方面的控制技术开展了较为深入的研究，很多相关控制技术已较为成熟并成功应用。当前低电压穿越问题主要有四种控制技术：①定子侧增加穿越设备，如加装静止无功补偿器（SVC）、静止同步补偿器（STATCOM）等；②转子侧采用短路保护技术，如转子侧加Crowbar电路；③直流母线侧增加硬件设备，如储能装置；④改进变流器励磁控制策略。下面将分别介绍前三种低电压穿越的方法。

1. 加装无功补偿器实现低电压穿越

由于鼠笼式异步风力发电机组（Squirrel Cage Induction Generator，SCIG）的结构和控制方法简单，自身没有很强的故障穿越能力，当电网发生故障时，感应发电机的机端电压降低，导致起制动作用的电磁转矩相应减小，使风力机和发电机转子转速增加，导致感应发电机失稳。而且当故障清除后，感应发电机需要从电网中吸收大量的无功功率来建立磁场恢复电压，这样就更容易使风电场失去稳定，因此需要增加新的设备来辅助其实现低电压穿越。

目前对于鼠笼式异步风力发电机组而言，常常会采用新型无功补偿装置来提高风力发电机组的低电压穿越能力。其附加装置一般有固定电容器组和调相机传统式无功补偿装置、SVC或STATCOM。其中STATCOM等新型无功补偿装置因其具有动态响应快、可实现无功功率和有功功率连续调节、运行和维护成本低等多种优点而得到广泛应用。基于STATCOM实现鼠笼式异步风力发电机组低电压穿越的工作原理和控制策略有以下方面：

（1）STATCOM工作原理。STATCOM根据其拓扑结构可分为电压型桥式电路和电流型桥式电路，其中应用较广的属于电压型桥式电路。如图4-3所示为电压型桥式STATCOM的基本结构，其中直流电容储能元件C是因电网中的谐波引起的能量交换而设置的。

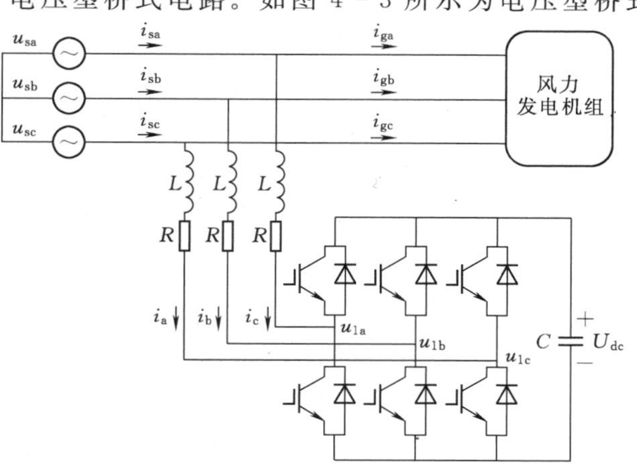

图4-3 电压型桥式STATCOM基本结构

如果STATCOM的能量损耗忽略不计，则可以得到如图4-4所示的单相STACOM理想等效电路，即仅通过电感连接到电网上。其中$\dot{U}_s$为电网电压，$\dot{U}_1$为STATCOM等效的交流电压，$\dot{I}$为流经STATCOM的交流电流，jX为连接电抗，其中$X=\omega L$，L为连接电感，ω为

电网额定角频率。

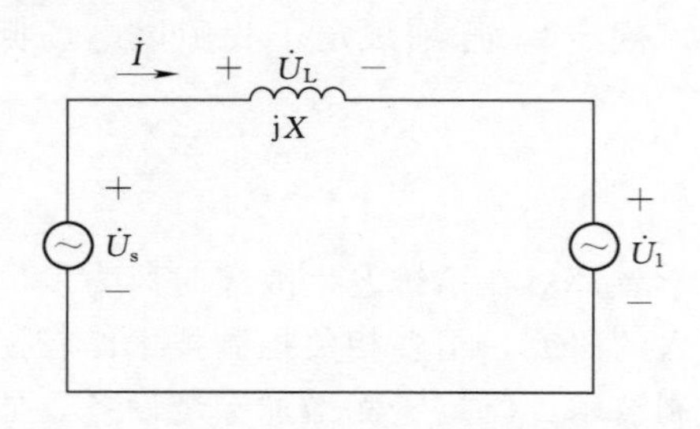

图4-4　单相STATCOM理想等效电路

根据图4-4可得

$$\dot{I}=\frac{\dot{U}_s-\dot{U}_1}{jX} \tag{4-2}$$

因此STATCOM输出的单相复功率为

$$S=\dot{U}_s\ \dot{I} \tag{4-3}$$

忽略损耗时，STATCOM输出电压$\dot{U}_1$与电网电压$\dot{U}_s$相位相同（图4-5），因此STATCOM输出（或吸收）的单相无功功率为

$$Q=\text{Im}(S)=U_s\ \frac{U_s-U_1}{X} \tag{4-4}$$

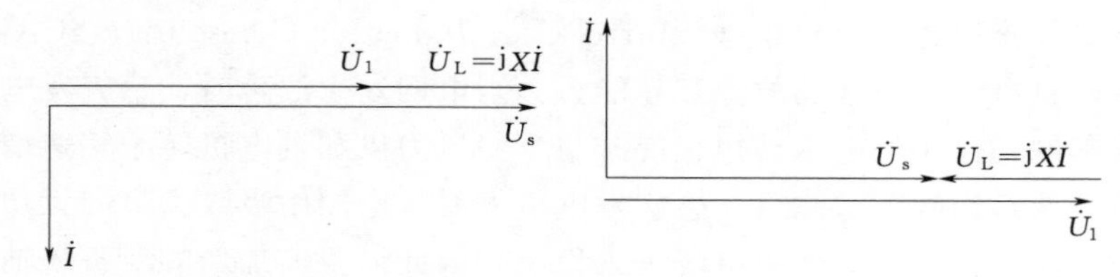

(a) 感性工况　　(b) 容性工况

图4-5　STATCOM理想工作矢量图

根据式（4-4）可知，通过改变STATCOM输出电压$\dot{U}_1$的大小就可以控制STATCOM输出的无功功率。当控制$U_1<U_s$时，$\dot{I}$滞后$\dot{U}_1$90°，输出感性无功，如图4-5（a）所示；当$U_1>U_s$时，$\dot{I}$超前$\dot{U}_1$90°，输出容性无功，如图4-5（b）所示。

除此以外，在实际情况下，STATCOM还从电网中吸收一部分有功功率，这样可以抑制直流侧电压波动，这部分集中用电阻R来等效表示，因此得到如图4-6所示的STATCOM实际等效电路。

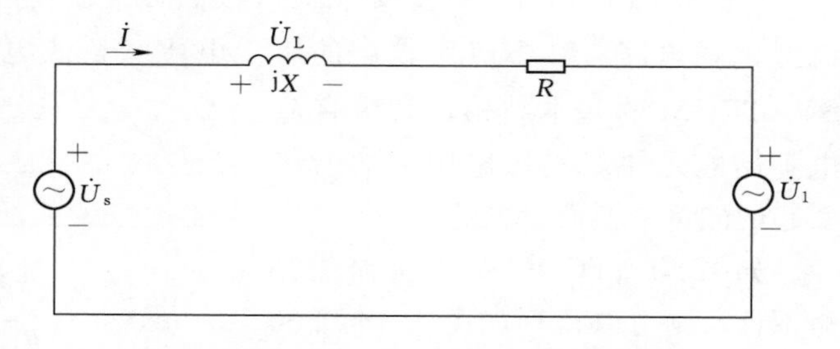

图4-6　STATCOM实际等效电路

由基尔霍夫定律可知，电网电压$\dot{U}_s$、STATCOM输出电压$\dot{U}_1$以及电抗器上的压降$\dot{U}_L$构成如图4-7所示的三角矢量关系，并可推导出STATCOM吸收或者输出的无功功率为

$$Q=\frac{U_s^2X-U_sU_1\ \sqrt{R^2+X^2}\sin(\delta+\varphi)}{R^2+X^2} \tag{4-5}$$

根据式（4-5）可知，通过调节电网电压$\dot{U}_s$与STATCOM输出电压$\dot{U}_1$向量之间的

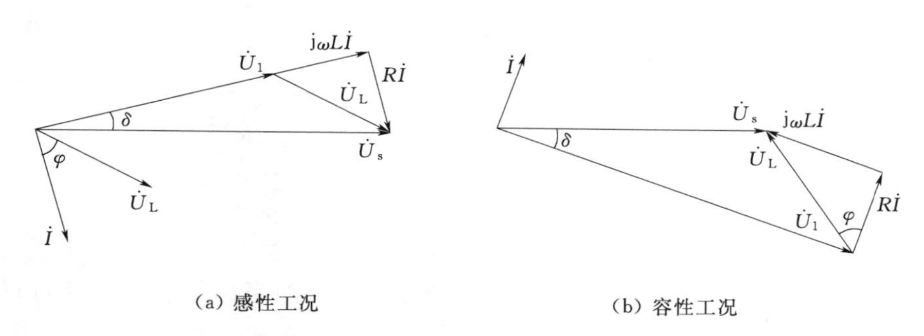

图 4-7 STATCOM实际工作向量图

φ—等效电抗 $R+jX$ 的阻抗角；δ—$\dot{U}_1$ 与$\dot{U}_s$ 的相位差

夹角 δ 以及$\dot{U}_1$ 的幅值就可以准确控制STATCOM输出的无功功率。

(2) 基于STATCOM实现低电压穿越的控制方式。STATCOM的传统控制方法为内外双闭环反馈控制。STATCOM的控制策略可以分为直接电流、间接电流两种。直接电流控制的STATCOM相当于受控电流源，间接电流控制的STATCOM相当于受控电压源。

1) STATCOM直接电流控制方式。基于STATCOM的直流电流控制，是以跟踪型PWM控制技术来对STATCOM所发出的电流波形进行反馈控制的控制方式。常用的直接电流控制方法有 $dq0$ 变换法和瞬时值跟踪法。由于瞬时值跟踪控制方式对电力电子开关器件的开关频率要求很高，所以在较大容量的STATCOM中很难实现，一般不采用。如图 4-8 所示为 dq 变换法控制结构图。其中，I_{qref} 为STATCOM输出 q 轴电流的参考值，I_{dref} 为输出 d 轴电流的参考值，由STATCOM的 d 轴电压参考值与实际值的偏差，经PI控制器调节得到。

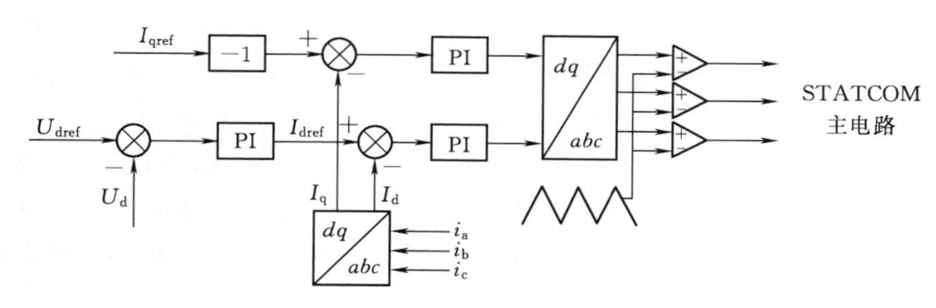

图 4-8 采用 dq 变换法的直接电流控制

2) STATCOM间接电流控制方式。根据图 4-7 所示的STATCOM实际工作向量图，以电流滞后工况为例，可得

$$\frac{U_L}{\sin\delta}=\frac{U_s}{\sin(90°+\varphi)}=\frac{U_1}{\sin(90°-\varphi-\delta)} \tag{4-6}$$

即

$$U_L=\frac{U_s\sin\delta}{\cos\varphi} \tag{4-7}$$

STATCOM输出的无功电流有效值 I_Q、有功电流有效值 I_P 以及输出电压有效值 U_1 分别为

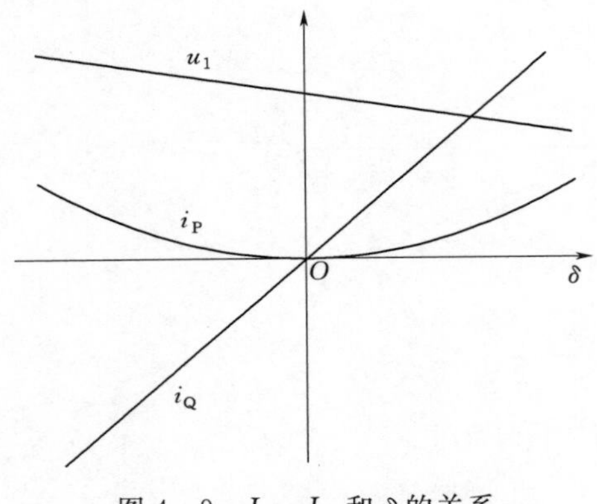

图 4-9　I_P、I_Q 和 δ 的关系

$$i_Q=\frac{u_s}{2R}\sin 2\delta \tag{4-8}$$

$$i_P=\frac{u_S}{2R}(1-\cos 2\delta) \tag{4-9}$$

$$u_1=\frac{u_S\cos(\delta+\varphi)}{\cos\varphi} \tag{4-10}$$

式（4-8）～式（4－10）同样适用于输出感性或容性无功功率的情况，而且可以进一步得到稳态下 u_1、i_P、i_Q 和 δ 的关系，如图 4-9 所示。

可以看出，通过控制 δ，就可以控制 STATCOM 向系统输出的无功电流，其中 δ 是由参考电压和 STATCOM 实际的输出电压比较得到。

间接电流控制的原理图如图 4-10 所示，图中 u_{abc}^*、u_{abc}分别为 STATCOM 输出电压的参考电压和实际电压；u_{dc}^*、u_{dc}分别为电容直流电压参考值与实际值。

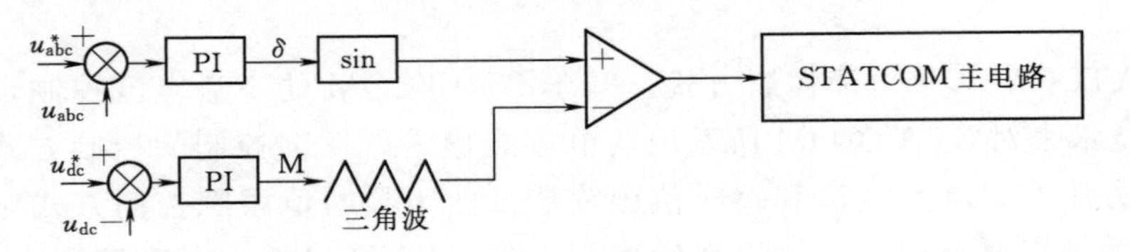

图 4-10　间接电流控制方式

2. 转子侧增加 Crowbar 电路实现低电压穿越

当电网发生较为严重的故障时，风力发电机转子内将产生过电流和过电压。为了保护连接在转子侧的变流器免受过电压、过电流的作用，最为常见的一种方法就是加装 Crowbar 电路。以双馈风力发电机组（DFIG）为例来分析基于 Crowbar 电路实现低电压穿越的工作原理有以下方面：

(1) 为实现双馈风力发电机组低电压穿越而在转子侧变流器增设了 Crowbar 旁路电路，如图 4-11 所示。其中，Crowbar 电路各相均串联一个可关断晶闸管和一个电阻器，并与转子侧变流器并联。按照如图所规定的参考方向，转子侧电流和电压的关系为

$$\left.\begin{aligned}\dot{I}_{rot}&=\dot{I}_{cb}+\dot{I}_{cov}\\ \dot{U}_{cb}&=\sqrt{3}\dot{I}_{cb}R_{cb}\\ \dot{U}_{cb}&=\dot{U}_{cov}\end{aligned}\right\} \tag{4-11}$$

式中　$\dot{I}_{rot}$、$\dot{I}_{cb}$、$\dot{I}_{cov}$——转子侧相电流、旁路相电流、变流器支路相电流；

$\dot{U}_{cb}$、$\dot{U}_{cov}$——旁路线电压、变流器端电压；

R_{cb}——Crowbar 旁路保护电阻。

Crowbar 电路的保护原理就是利用可控元件（如 IGBT）控制其旁路保护电阻的投切。当系统正常运行时，Crowbar 电路关断，$\dot{I}_{cb}=0$；当系统发生故障且 DFIG 检测到定

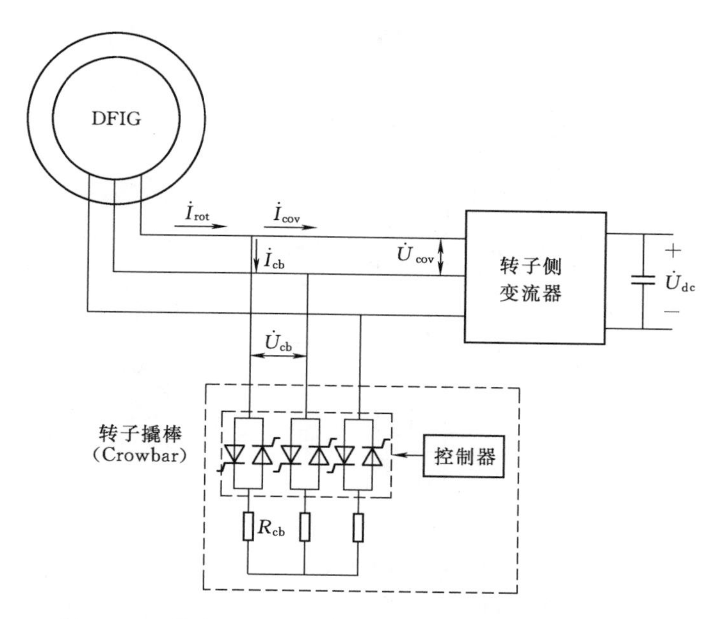

图 4-11 装有 Crowbar 电路的双馈风力发电机组结构图

子电压跌落时，立即断开转子侧变流器与转子回路，通过 IGBT 控制转子旁路保护电阻串接到转子回路，这相当于增大了转子的阻抗，从而减小了转子回路在电压跌落和恢复过程中的最大电流。Crowbar 电路投入时，转子侧变流器闭锁，$\dot{I}_{cov}=0$。

(2) Crowbar 电路的电阻值整定是实现 DFIG 低电压穿越的一个重要设计环节。当电网发生故障时，若 Crowbar 电路的电阻值设置的过小，将不能有效的抑制转子侧的短路电流，从而可能损坏转子侧变流器；若 Crowbar 电路的电阻值设置过大，可能会导致电网侧变流器的直流侧出现过电压，也会损坏电网侧变流器。通常在合理取值范围内，Crowbar 电路的电阻值越大，其对转子侧过电流的抑制效果就越明显。

电网故障期间，转子最大电压为

$$U_{rmax}=I_{rmax}R_{cb} \tag{4-12}$$

式中 I_{rmax}——转子侧变流器允许的最大转子电流；

R_{cb}——Crowbar 电路每相串接电阻的阻值。

在整定 DFIG 的 Crowbar 电路的电阻值时，需要考虑到转子侧变流器和网侧变流器电压的约束。为了防止网侧变流器直流侧过电压，Crowbar 电路的电阻值整定时，需要满足的约束条件为

$$U_{rmax}<U_{rlim} \tag{4-13}$$

式中 U_{rlim}——网侧变流器能承受的最大电压。

因此可以得到 Crowbar 电路串接电阻的最大阻值估算式为

$$R_{emax}=\frac{U_{rlim}}{I_{rmax}} \tag{4-14}$$

3. 增加储能装置实现低电压穿越

目前在风力发电机组低电压穿越技术研究中，很多学者提出了增加储能装置的方法来

实现，如飞轮储能、超级电容储能、电池储能、超导储能等。基于电池储能系统实现低电压穿越的控制方法时，其典型拓扑结构图如图 4-12 所示。

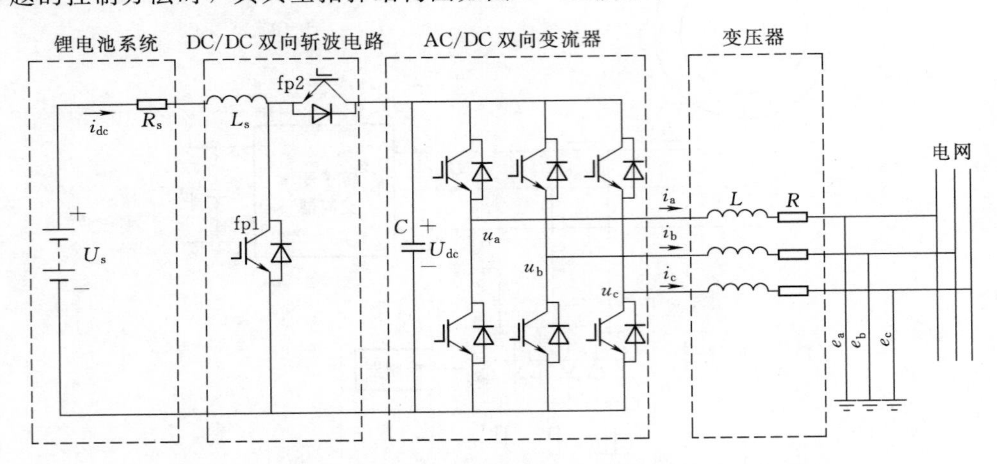

图 4-12 电池储能系统典型拓扑结构图

R—变流器串联及线路损耗的等效电阻；L—变流器串联电感的等效电感；C—直流侧的平波电容；e_a、e_b、e_c—公共连接点（PCC）的三相相电压；u_a、u_b、u_c—变频器交流侧的三相相电压；i_a、i_b、i_c—变频器交流侧的三相线电流；U_{dc}—直流侧平波电容两端电压；R_s、L_s、U_s—铝电池的等效电阻、电感和端电压；i_{dc}—电池经 DC/DC 双向斩波电路之后的端电流；fp1、fp2—全控型器件 IGBT、DC/DC 双向斩波电路的控制开关信号

当电池储能系统容量提高到数十兆瓦级时，其并网点电压等级也在提高，图中，DC/DC 双向斩波电路可以为电池充放电提供很好的接口，满足电池对充放电电压的要求，提高电池使用寿命。AC/DC 双向变流器可实现交流系统与电池储能系统之间能量的双向流动。

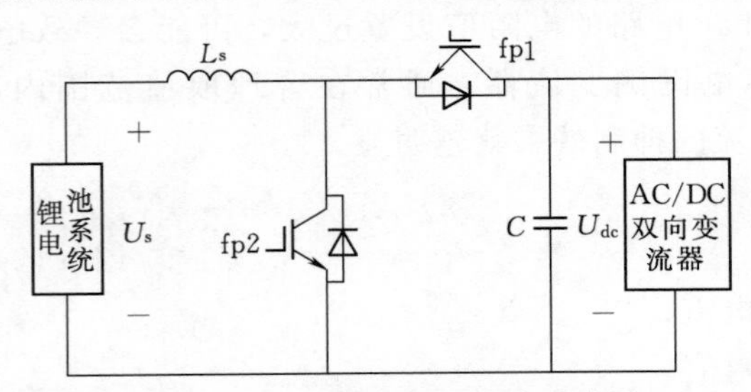

图 4-13 DC/DC 双向斩波电路图

（1）DC/DC 双向斩波电路及控制。图 4-13 给出了 DC/DC 双向斩波电路的电路结构图。当开关管 fp1 工作于 PWM 方式时，开关管 fp2 始终关断，此时电路工作于降压斩波电路（Buck 电路）模式，如图 4-14（a）所示；当开关管 fp2 工作于 PWM 方式时，开关管 fp1 始终关断，此时电路工作于升压斩波电路（Boost 电路）模式，如图 4-14（b）所示。

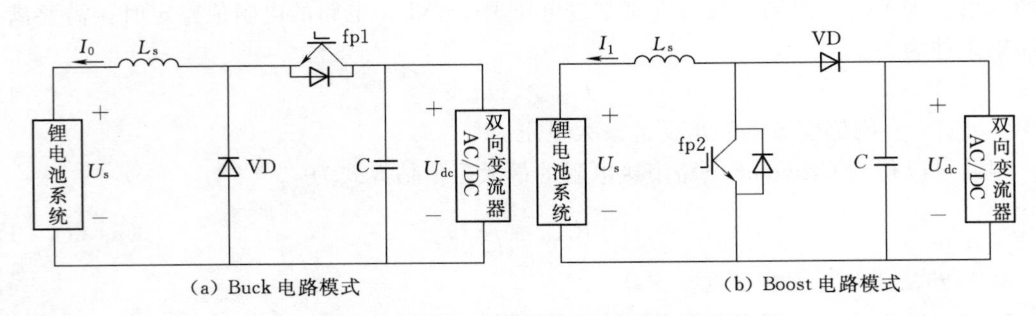

(a) Buck 电路模式　　(b) Boost 电路模式

图 4-14 开关管工作于不同状态时的电路模式

DC/DC 双向斩波电路采用电压外环与电流内环的双闭环控制，其控制框图如图 4-15 所示。

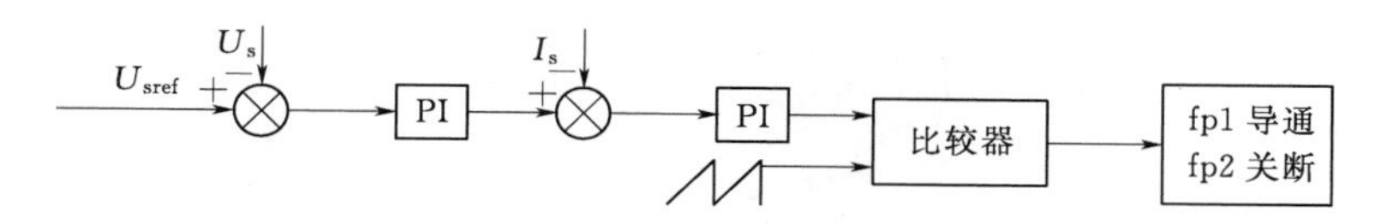

(a) Buck 电路模式的控制框图

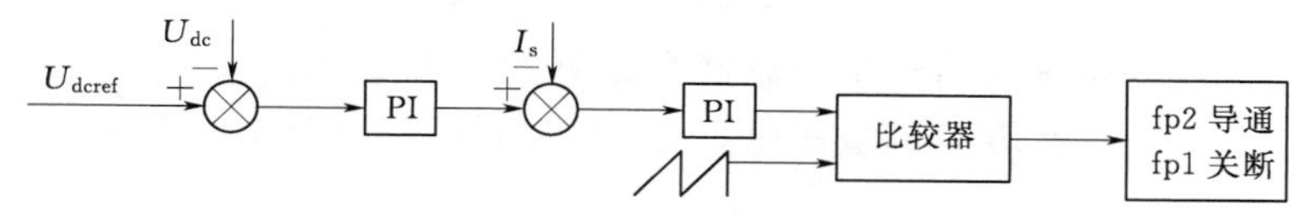

(b) Boost 电路模式的控制框图

图 4-15 DC/DC 双向斩波电路的控制

(2) AC/DC 双向变流器及控制。能量双向流动的 AC/DC 双向变流器可实现直流侧的锂电池组与交流电网之间的能量交换。

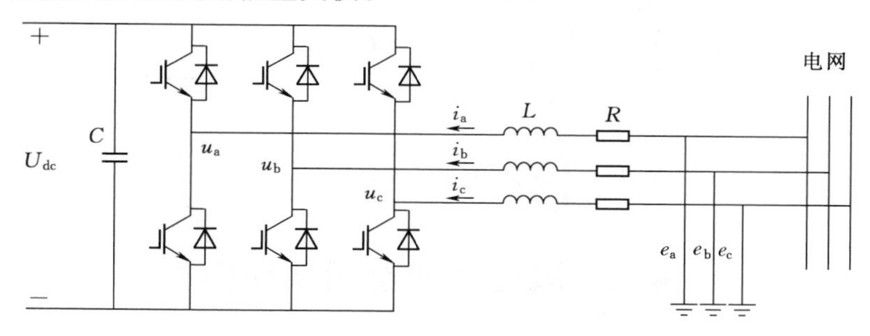

图 4-16 AC/DC 双向变流器模型

通过坐标变换，将三相静止坐标变换到两相坐标，降低了系统的阶次，并且同步坐标系下可以实现电流的无静差跟踪和电流快速响应。

由图 4-16 电路结构图得

$$\left.\begin{aligned}Lpi_a+Ri_a&=e_a-u_a\\Lpi_b+Ri_b&=e_b-u_b\\Lpi_c+Ri_c&=e_c-u_c\end{aligned}\right\}\tag{4-15}$$

式中 p——微分算子。

dq 同步旋转坐标系下（d 轴与交流系统电压矢量重合，q 轴超前 d 轴 90°），式（4-15）可转化为

$$\begin{bmatrix}e_d\\e_q\end{bmatrix}=\begin{bmatrix}Lp+R & -\omega L\\\omega L & Lp+R\end{bmatrix}\begin{bmatrix}i_d\\i_q\end{bmatrix}+\begin{bmatrix}u_d\\u_q\end{bmatrix}\tag{4-16}$$

式中 u_d、u_q——电网侧变流器各节点电压在 dq 轴的分量。

由式（4-16）可得

$$\left.\begin{aligned}e_d&=Ri_d+Lpi_d+u_d-\omega Li_q\\e_q&=Ri_q+Lpi_q+u_q+\omega Li_d\end{aligned}\right\}\tag{4-17}$$

由于式（4-17）中 dq 轴变量相互耦合，给控制器的设计带来一定的困难，在此引入前馈解耦控制。电流采用 PI 调节，控制量 u_d、u_q 的方程为

$$\left.\begin{aligned} u_d &= -\left(K_p+\frac{K_i}{S}\right)(i_{dref}-i_d)+\omega L i_q+e_d \\ u_q &= \left(-K_p+\frac{K_i}{S}\right)(i_{qref}-i_q)-\omega L i_d+e_q \end{aligned}\right\} \tag{4-18}$$

式中　K_p、K_i——电流环的比例控制参数和积分控制参数；

i_{dref}、i_{qref}——dq 坐标系的三相变流器交流侧的参考电流，其值由功率参考值确定，$i_{dref}=P_{ref}/e_d$，$i_{qref}=Q_{ref}/e_d$，其控制策略如图 4-17 所示。

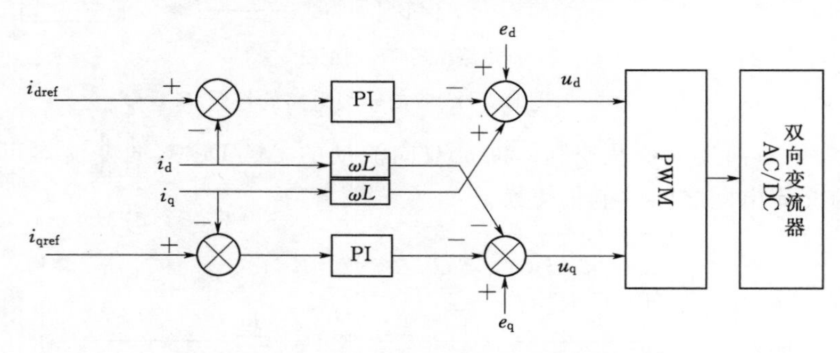

图 4-17　AC/DC 双向变流器模型的控制策略

4.2　风电场动态无功补偿

大规模风电场一般接入电网末端，缺乏常规电源支撑，地区电网结构较弱。而且风电场并网运行时，需要先将风力发电机组出口电压升高，通过架空线路将电能汇集在风电场升压站，通过升压站内的变压器将电压再次升高，送入大电网。这个过程中风电场需要吸收大量的无功功率。为了整个风电场无功平衡，减少向大电网吸收无功功率，风电场要充分利用双馈风力发电机组的调节能力。此外，当风力发电机组的无功容量不能满足系统电压调节需要时，应在风电场集中加装适当容量的无功补偿装置，必要时还需要加装动态无功补偿装置。实际工程中，大多数双馈风力发电机组按恒功率因数控制，风电场无功调节主要依赖动态无功补偿装置。

4.2.1　基本原理

目前风电场通常采用的动态无功补偿装置主要有晶闸管控制电抗器型静止无功补偿器（TCR 型 SVC）和静止无功发生器（Stiatic Var Generator，SVG）。两者在平衡无功功率、稳定电压水平方面，均有较好的效果。下面分别介绍这两种常用动态无功补偿装置的基本原理。

1. TCR 型 SVC 基本原理

图 4-18 为 TCR 型 SVC 的结构示意图，TCR 是 SVC 的核心组成部分，单相 TCR

的基本结构是两个晶闸管反向并联后与一个电抗器相串联，三相多采用三角形连接方式，可平衡自身的三次谐波。TCR 型 SVC 的伏安特性如图 4-19 所示。TCR 控制器实时采集母线的电压、电流及无功功率，并与控制目标进行比较，计算出触发延迟角大小，通过改变与电抗器串联的晶闸管导通角，改变相控电抗器的电流，从而可以实现 SVC 中感性无功功率的快速、平滑调节。

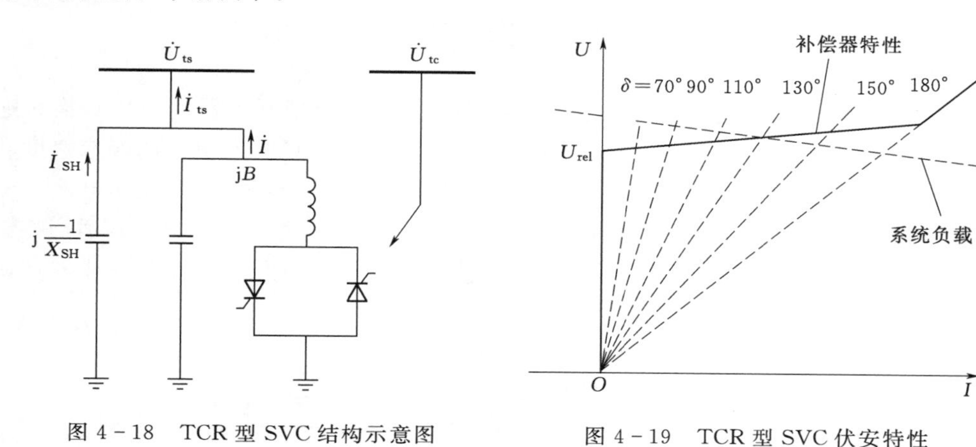

图 4-18 TCR 型 SVC 结构示意图

图 4-19 TCR 型 SVC 伏安特性

晶闸管在电压的正负半周轮流工作，当触发延迟角 α 的有效移相范围为 90°～180°时，其位移因数始终为 0，即基波电流都是无功电流。当 $\alpha=90°$时，晶闸管完全导通，此时导通角 $\delta=180°$，相当于电抗器直接连接到电网上，这时其吸收的基波电流和无功功率最大；当 α 为 90°～180°时，晶闸管为部分导通，即导通角 $\delta<180°$。在电压不变的前提下，增大 α 将减小电流中的基波分量，从而减小其吸收的感性无功；反之减小 α 将增大电流中的基波分量，增大吸收的感性无功。

图 4-20 为 TCR 型 SVC 接入电网的工作原理示意图。其中，电容器提供固定的容性

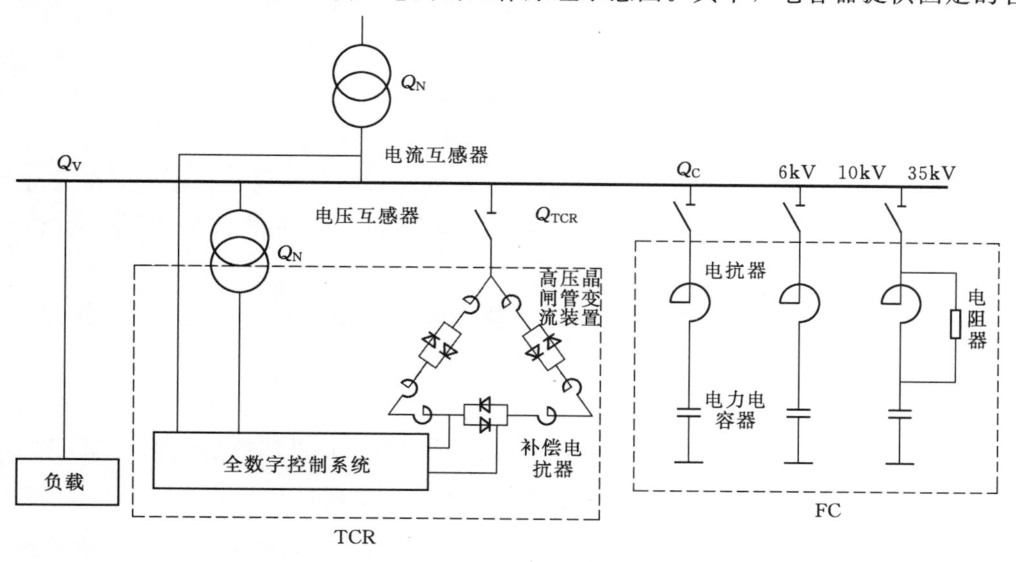

图 4-20 TCR 型 SVC 接入电网工作示意图

无功 Q_C，补偿电抗器输出的感性无功 Q_{TCR} 的大小均由补偿电抗器通过的电流来决定。TCR 控制器并联上高次谐波滤波器（FC）之后使得其总输出的无功功率为 TCR 与 FC 无功功率抵消后的净无功功率，因而可以使 SVC 装置既可以发出容性无功，也可以吸收容性无功。当负载无功功率发生变化时，只要能准确控制晶闸管的触发延迟角，就能控制 $-Q_C$ 与 Q_{TCR} 之和为常数，由 SVC 产生相应的实时无功功率加以平衡，最终使得电网的功率因数保持在设定值附近，并使电网电压保持在要求的范围内。

2. SVG 基本原理

SVG 是基于瞬时无功功率的概念和补偿原理，采用全控型开关器件组成自换相逆变器、辅之以小容量储能元件构成的无功补偿装置。SVG 比 SVC 具有更快的响应速度和更宽的运行范围，更重要的是，SVG 在电压较低时仍可向电网注入较大的无功电流。SVG 的主体是一个电压源型逆变器，其交流侧通过电抗器或变压器并联接入电网，适当控制逆变器的输入电压就可以控制 SVG 的运行工况，使其处于容性负荷、感性负荷或零负荷状态。SVG 原理如图 4-21 所示。

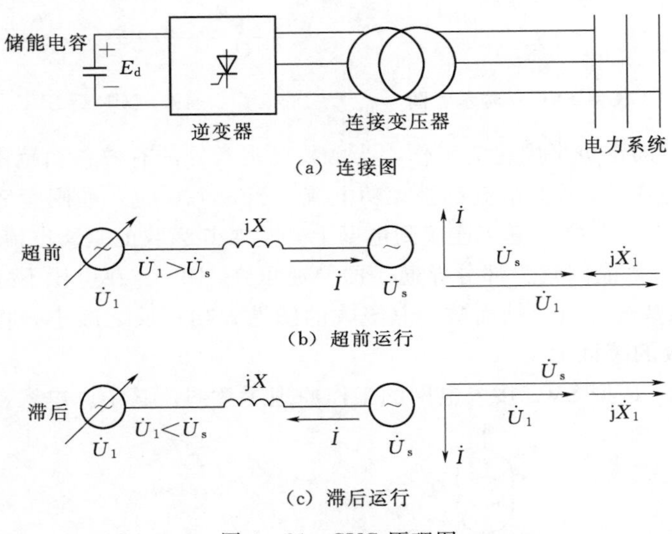

图 4-21　SVG 原理图

动态过程中，储能电容为 SVG 提供直流电压支撑，同时，通过控制电力电子开关的驱动脉冲，可以改变逆变器交流侧电压的大小、频率和相位，再由连接变压器将 SVG 接入电网。

设系统电压为 $\dot{U}_s$，SVG 输出电压为 $\dot{U}_1$，连接电抗为 X，则 SVG 输出的电流为

$$\dot{I}=\frac{\dot{U}_1-\dot{U}_s}{jX} \tag{4-19}$$

当 $\dot{U}_1>\dot{U}_s$ 时，SVG 处于超前状态，发出无功功率，起可调电容器的作用；当 $\dot{U}_1<\dot{U}_s$ 时，SVG 处于滞后状态，吸收无功功率，起可调电抗器的作用；当 $\dot{U}_1=\dot{U}_s$ 时，SVG 与系统之间不存在无功交换。通过控制输出电压 $\dot{U}_1$ 的大小，可控制输出无功功率的大小与性质。

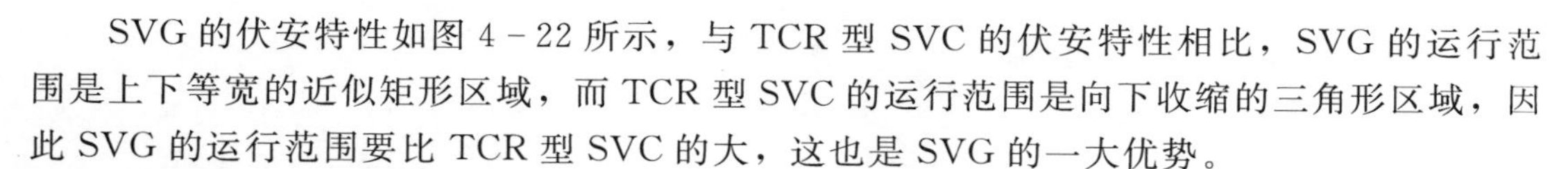

SVG的伏安特性如图4－22所示，与TCR型SVC的伏安特性相比，SVG的运行范围是上下等宽的近似矩形区域，而TCR型SVC的运行范围是向下收缩的三角形区域，因此SVG的运行范围要比TCR型SVC的大，这也是SVG的一大优势。

3. TCR型SVC与SVG性能比较

根据风电场工作特性，风电场的动态无功补偿设备主要考虑以下性能：

（1）无功补偿能力。风电场有大量的感性设备存在，正常工作时，需要无功补偿设备输出大量容性无功，以保持系统无功平衡，提高功率因数。

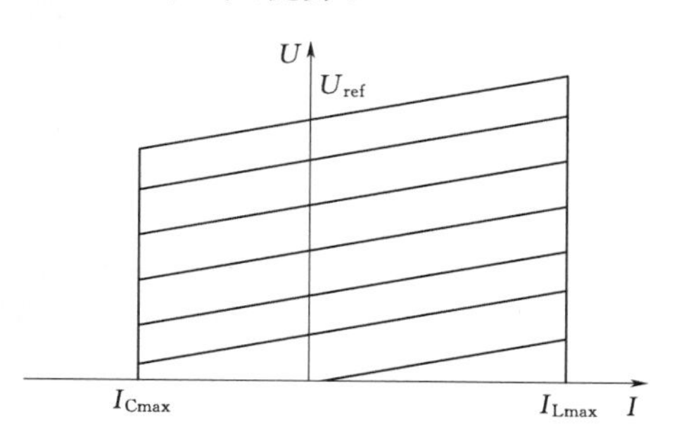

图4－22 SVG伏安特性

（2）调节系统电压能力。由于风能的随机性和不可控性，造成了风力发电机组输出电压的波动，风电场采用无功补偿装置实时调节系统电压，维持电压水平的相对稳定。

（3）电能质量水平。动态无功补偿装置的结构和原理决定了其在实际运行中必将对系统电能质量水平产生影响，所以这种影响成为考核动态无功补偿装置的一项重要性能指标。

表4－1分别从以上三个指标来比较TCR型SVC与SVG这两种动态无功补偿装置的性能。

表4－1 TCR型SVC与SVG性能比较

动态无功补偿装置	无功补偿能力	调节系统电压能力	电能质量水平
TCR型SVC	相对较弱	相对较弱	相对较差
SVG	相对较强	相对较强	相对较好
备注说明	SVG的连续运行范围比TCR型SVC大很多，因此SVG的补偿能力相对更强	TCR型SVC采用的反向并联晶闸管开断时间需要10ms左右；而SVG采用门极可关断晶闸管，开断时间小于10μs，响应速度相对较快	TCR型SVC装置由于晶闸管不停开断，必然产生很多谐波，影响电能质量；SVG装置通过桥式电流交流电路的多重化技术、多电平技术或PWM技术处理，能较好地消除谐波

4.2.2 补偿指标检测

为了更加科学、准确、方便地对风电场动态无功补偿装置各项指标进行评价，需要进一步提出扰动检测时间和系统调节时间的概念及其定义。由于系统电压变化范围较小，一般可以用无功电流受到扰动后的调节特性曲线来定义相关术语。无功补偿装置受扰调节特性如图4－23所示。其中：坐标原点为电网产生扰动的起始时刻；t_1为无功补偿装置控制信号输入时刻；t_2为被控量开始变化时刻；t_3为被控量首次达到90％目标值时刻；t_4为被控量进入稳态时刻；t_r为扰动检测时间；t_c为控制系统响应时间；t_{up}为系统响应时间；t_s为系统调节时间；I_{Q1}为被控量阶跃起始值；I_{Q2}为被控量的稳态值；I_{Qm}为被控量的最大过冲值；ΔI_Q为阶跃量，其绝对值通常不小于额定值的30％；M_p为超调量。

（1）扰动检测时间t_r。从电网产生扰动开始，到动态无功补偿装置完成扰动信号的测

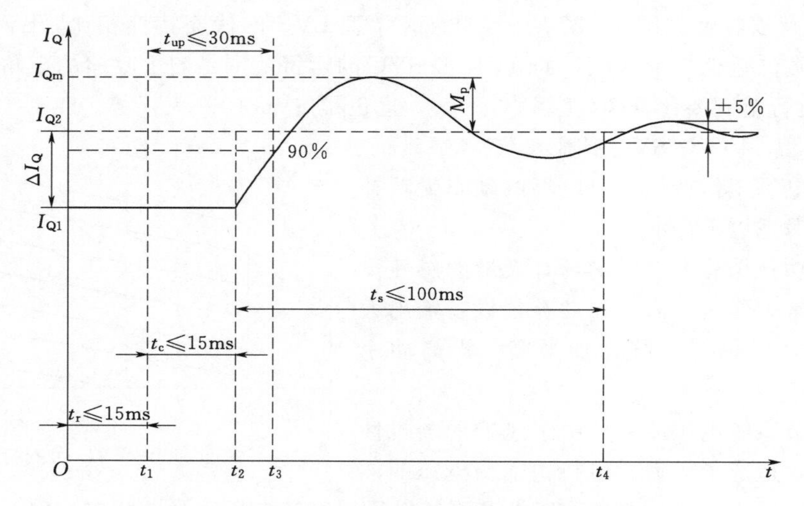

图 4-23 无功补偿装置受扰调节特性

量，直至控制信号输入所经历的时间。动态无功补偿装置扰动检测时间应不大于 15ms 。

(2) 控制系统响应时间 t_c。从控制信号输入开始，到控制器完成控制信号的采样、分析、计算，直至控制器发出触发信号引起被控量开始变化所经历的时间。动态无功补偿装置控制系统响应时间一般不大于 15ms。

(3) 系统响应时间 t_{up}。从控制信号输入开始，到被控量首次达到目标值的 90%所需的时间。按照国标 GB/T 20298—2006《静止无功补偿装置（SVC）功能特性》的规定，动态无功补偿装置系统响应时间不大于 30ms。

(4) 系统调节时间 t_s。从被控量发生变化开始，到被控量与最终稳态值之差的绝对值始终不超过 5%最终稳态值的最短时间。根据大量实测结果，建议系统调节时间不大于 100ms 能够为动态无功补偿装置性能的充分发挥起到促进作用。

检测动态无功补偿装置的性能指标的具体方法是投、切风电场一定容量的电容器（或风力发电机组汇集线），测量从电网产生扰动开始，到被控量首次达到目标值的 90%所经历的时间，即扰动检测时间与系统响应时间的总和，进而推算出系统响应时间。就目前的软、硬件技术水平来说，扰动检测时间一般为 15ms 左右，如果扰动检测时间与无功补偿装置系统响应时间的总和不大于 45ms，则认为无功补偿装置的系统响应时间不大于 30ms，满足对电压和无功调节速度的要求。

4.3 风电并网对系统调度的影响

大规模风电场的并网发电是规模化开发新能源的重要形式，随着风力发电的规模化和产业化，风电并网技术近年来得到了快速的发展。与其他各种常规能源相比较，风电具有清洁环保、可持续利用等优点，但是由于大规模风电出力具有容量大、动态、间歇性和随机性等特性，加之预测准确性上的制约，使得风电特性显著区别于常规火电及水电，风电接入给基于电源可控性和负荷可预测性的发电计划制定带来了新的挑战和要求。如何制定

科学、合理的含风电系统的经济调度，促进电力系统的节能减排和风电规模化消纳，成为研究热点。

我国由于受到政策和电力供需形势的影响，调度模式显得较为丰富。在20世纪80年代以前，我国实行发输配售一体化的管理体制，但由于电网结构薄弱和电力供应不足，发电调度的主要任务是在保证电网安全运行的基础上兼顾经济性，这种安全经济调度模式简单粗放。随着电力改革的逐步推行，我国开始实施“厂网分开”政策，并采用计划电量发电调度模式来平衡各个发电企业之间的利益关系。随后，由于我国没有全面实行电力市场竞争，而是延续了计划发电量调度模式，开始推行“三公调度”模式，各电厂或机组的计划电量按照同一省级电网内的平均发电小时数核定。

传统的发电调度计划基于电源的可靠性以及负荷的可预测性，以这两点为基础，发电机制定和实施有了可靠保证。但是因为风电场出力的预测水平还存在较大误差，发电计划的制订变得困难。如果把风电场看作“负”的负荷，不具有可预测性；如果把它看作能源，可靠性又没有保证。因此非常有必要对含风电场电力系统的运行计划进行研究。风电并网以后，如果电力系统的运行方式不相应地做出调整和优化，系统的动态响应能力将不足以跟踪风电功率的大幅度、高频率的波动，系统的电能质量和动态稳定性将受到显著影响，这些因素又会反过来限制系统准入的风电功率水平，所以需要对传统的发电调度运行方式和控制手段作出适当的调整和改进，以适应大规模风电场并网运行的实际需要。

4.3.1 含风电并网的AGC有功调度

传统的有功调度模式由日前（日内）发电计划机组、实时协调机组和AGC机组在时间上相互衔接，构成了实时调度运行框架，为区域电网的有功调度提供了可靠的保障。受风力发电机组自身运行特性和风电的不确定性影响，风力发电机组难以具备像常规水、火电机组一样的功率调节能力。将风力发电机组纳入区域电网的有功调度与控制框架，应采取基于风电功率预测的发电计划跟踪为主，风力发电机组直接参与调频为辅（简称为辅助调频）的控制原则。

2010年2月国家电网公司颁布了《风电调度运行管理规范》。该规范对风电接入电网时参与调度运行管理作出了相应的规定：电网调度机构应该根据风电场申报的风电功率计划曲线，综合考虑电网运行情况，编制风电场次日发电计划曲线，并下达给风电场；风电场要严格执行电网调度机构下达的日发电调度计划曲线，及时调整有功出力。适应风电接入的有功调度框架如图2-48所示。与传统的有功调度模式相比，风电接入后新增了短期与超短期风电功率预测：采用多时间维度的风电功率预测，并结合相同时间级的负荷预测、网络拓扑、检修计划等，综合考虑电网的安全约束，实现经济目标最优的发电计划优化编制。其中，短期风电功率预测主要用于安排日前和日内计划，超短期风电功率预测则主要用于编制实时调度计划。当风电容量占总发电容量比例不大时，风电计划功率即为预测值，并作为“负”的负荷参与发电计划优化编制，其预测偏差主要通过常规AGC机组的实时调节来平衡；随着风电容量所占比例的不断增加，需要将风力发电机组与常规发电机组一并纳入调度计划优化模型，通过发电机组组合与经济调度算法，同时生成风力发电机组和常规发电机组的发电计划。由于风电功率预测可能存在较大偏差，必须在优化模型

中为常规发电机组留有足够的旋转备用。值得注意的是，单纯从电网运行的经济性考虑，并非消纳风电越多越好，因为消纳风电是以增加常规发电机组的旋转备用为代价的，而且风电消纳能力还受到电网安全约束的影响。

风电场AGC负责将区域电网制订的发电计划分解至风力发电机组，通过改变桨距角限制功率输出、启停风力发电机组等一系列手段实现跟踪控制，甚至减载控制。与常规发电机组类似，风电场计划曲线的执行效果可通过响应精度、响应时间等指标来量化评估。

4.3.2　含风电并网的旋转备用容量优化调度

1. 传统的优化方法

旋转备用容量的优化配置与多种因素有关，如电力系统的运营模式、电源结构及其价格、电网规模、负荷水平以及元件的可靠性水平等。传统的旋转备用容量优化配置方法主要有确定性方法和概率性方法两种。

（1）确定性方法。将风力发电机组停运或负荷波动造成的供需不平衡按照一定准则量化为旋转备用容量，侧重点可以是风力发电机组故障停运的不确定性、负荷波动的不确定性或者两者兼顾，常用的准则有“$N-1$”规则（即旋转备用容量必须大于在线运行最大风力发电机组的容量）、负荷百分比规则（即旋转备用容量必须大于或等于负荷的某一百分比），以及两者相结合的规则。

（2）概率性方法。以概率分析为基础进行旋转备用容量配置，即考虑在满足电网一定可靠水平的基础上配置旋转备用容量，以电网的可靠性约束代替确定性的旋转备用约束。概率性方法可确保电网始终保持某一设定的可靠性水平，并达到该水平下的经济性最优。但可靠性水平和可靠性指标的选取可能带有较强的行政色彩，要传达的引导信号很容易被扭曲。

2. 考虑风电不确定性的优化方法

随着风电等可再生能源发电的不断发展，电网运行环境日趋复杂，风力发电机组突发故障、线路过载停运等情况明显增多。同时由于间歇性的随机波动特性和预测误差的存在，不得不考虑间歇性电源给电网带来的影响。目前关于考虑大规模间歇性并网的旋转备用优化配置的相关研究主要致力于如何在传统旋转备用容量优化方法的基础上考虑风电的不确定性。因而往往与系统风力发电机组和线路故障、负荷预测误差等影响系统旋转备用容量的关键因素一起考虑，综合兼顾各种随机因素对电网未来运行状态的影响。目前这方面的研究方法主要有以下方面：

（1）运用机会约束、条件风险等随机规划方法。该类方法是以电网运行状态发生的概率为权重，允许决策在一定程度上不满足约束条件，但总体要保证所作出的决策在一定的置信水平内满足约束条件，然后再用随机优化方法进行备用决策。比如有文献提出基于机会约束规划建立含风电场的电力系统发电机组组合的数学模型，然后以概率的形式描述旋转备用容量约束、分钟级爬坡能力约束和线路传输容量约束等相关约束条件。也有文献将不确定性风险判据作为一种约束考虑到风力发电机组模型中去，然后运用随机规划的方法考虑电网备用容量的不确定性。还有文献针对风力发电机组出力的不确定性，将两个阶段随机规划和机会约束规划两者的特点相结合，提出了两阶段机会约束随机规划模型。

(2) 概率分析方法。在传统的发电机组或线路故障停运不确定概率分析基础上，考虑风电出力概率密度分布，进而确定系统的累积概率停运表，再将概率性备用约束以解析式的方式考虑到优化备用模型中。有文献在考虑风力发电机组故障停运概率分布的基础上，将负荷和风电预测误差看作为高斯分布，在均衡系统可靠性和经济性的基础上确定备用容量的优化分配。

(3) 模拟生产场景法。采用蒙特卡洛模拟或场景树模拟生成等随机模拟生成场景的方法，给出电网未来各种可能的场景及相应的概率，以此模拟风电等间歇性电源的不确定性。有文献考虑风电和负荷的预测误差，采用场景树模拟生成方法描述风电出力的不确定性，研究表明更为繁琐的风电和负荷预测能够消减旋转备用容量需求。也有文献采用基于场景生成和消减的粒子群优化算法来处理风电的不确定性。

(4) 采用区间数优化方法。运用区间数优化方法考虑风电出力和负荷的不确定影响。有文献根据负荷和风电功率月初的统计分析，确定合理的区间数，并对场景进行削减。对各种预想场景下的风力发电机组关键爬坡约束进行识别，建立考虑风电出力、负荷不确定性和系统“$N-1$”故障的旋转备用优化。

4.4 风电并网对系统稳定的影响

4.4.1 对电网静态稳定的影响

对于常规的电力系统电压稳定性研究而言，电压失稳或电压崩溃的现象都是从受端系统的负荷点开始的，由于负荷需求超出电力网络传输功率的极限，系统已经不能维持负荷的功率与负荷所需吸收功率之间的平衡，系统丧失了平衡点，引起电压失稳。而对于并网风电场的地区电网而言，在风电场处于高出力运行状态时，本来是受端负荷的系统转换为送端系统。但根据世界各国实际的风电场运行经验，其电压稳定性降低的问题仍然出现，这是由于风电场的无功特性引起的：风电场的无功可以看作是一个正的无功负荷，由于电压稳定性与无功功率的强相关性，因此风电场引起的电压稳定性降低或电压崩溃现象在本质上与常规电力系统电压失稳的机理是一致的。在常规电力系统的研究中，系统的扰动可以是负荷增加；而在包含风电场的电力系统电压稳定性研究中，系统的扰动则是风速变化引起的风电场出力的变化甚至是电网发生的大扰动故障。

如图 4-24 所示，风电场通过（等值）线路接入无穷大系统，风力发电机组端口电压$\dot{U}_1=U_1\angle\delta$，无穷大系统节点电压$\dot{U}_2=U_2\angle 0°$，等值线路的阻抗 $Z=R+\mathrm{j}X$，则两节点之间的电压可以表示为

$$\dot{U}_1-\dot{U}_2=\left(\frac{P_2+\mathrm{j}Q_2}{\dot{U}_2}\right)^*(R+\mathrm{j}X) \tag{4-20}$$

可以进一步展开为

$$\dot{U}_1=U_2+\frac{P_2R+Q_2X}{U_2}+\mathrm{j}\left(\frac{P_2X-Q_2R}{U_2}\right) \tag{4-21}$$

那么可得

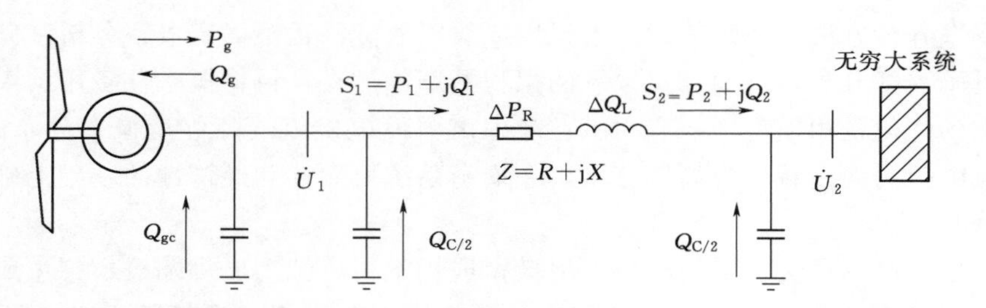

图 4-24　单机无穷大系统静态电压稳定分析示意图

P_g、Q_g—风电场输出的有功功率、无功功率；ΔP_R、ΔQ_L—等值输电线路的有功损耗、无功损耗；Q_{gc}—风电场并联的电容器组所提供的无功功率；$Q_{C/2}$—线路的充电功率

$$U_1=\sqrt{\left(U_2+\frac{P_2R+Q_2X}{U_2}\right)^2+\left(\frac{P_2X-Q_2R}{U_2}\right)^2} \tag{4-22}$$

在一般情况下，由于

$$U_2+\frac{P_2R+Q_2X}{U_2}\gg\frac{P_2X-Q_2R}{U_2} \tag{4-23}$$

所以可以最终化简为

$$U_1\approx U_2+\frac{P_2R+Q_2X}{U_2} \tag{4-24}$$

式（4-24）中，按照图 4-24 功率方向定义 $P_2=P_g-\Delta P_R$，$Q_2=Q_{gc}+Q_{C/2}-Q_g-\Delta Q_L$。

对于无穷大系统，U_2 为恒定值，因此风电场出口电压与等值线路的 R、X 参数有着密切的关系。当等值线路参数确定时，则风电场出口电压完全由风电场输出的有功功率、无功功率决定。由于由普通异步风力发电机组成的风电场与双馈感应风力发电机组成的风电场的无功特性不同，因此接入电网后对电网电压稳定影响的程度也有差异。

1. 恒速风电场静态电压稳定性

对于普通异步风力发电机组成的恒速风电场而言，当其输出的有功功率 P_g 增长时，其吸收的无功功率 Q_g 也增长，同时由于线路送出有功功率的增长还会导致线路电抗消耗的无功 ΔQ_L 增长，且 ΔQ_L 与线路的电流平方成正比；同时，并联电容和线路的充电功率会随风电场电压降低而明显降低。当风电场输出功率较大，并联电容和线路的充电功率无法满足风电场的无功需求时，系统需要向风电场输送大量无功功率，导致风电场侧电压水平及其稳定性降低。

根据普通鼠笼式异步发电机等值电路，可以推导出其输出的有功无功功率和无功功率为

$$P_e=\frac{U_1^2R_z/s}{(R_z/s)^2+X^2} \tag{4-25}$$

$$Q_e=-\left(\frac{U_1^2}{X_m}+X\frac{P_e^2}{U_1^2}\right) \tag{4-26}$$

式中　U_1——机端电压，为转子绕组电阻（折算值）；

X——定子绕组电抗和转子绕组电抗（折算值）之和，$X=X_1+X_2$；

X_m——发电机激励电抗。

从式（4-25）、式（4-26）可知，转差系数 $s<0$、$P_e>0$ 时异步发电机处于发电状态，有功功率和机端电压的平方成正比，是转差率 s 的函数，而无功功率为负，即发出有功功率的同时要吸收无功功率。

图 4-25 为 1.5MW 普通异步发电机在额定电压条件下的电磁转矩-转速特性曲线与无功功率-转速特性曲线，可以看出，异步发电机在超同步发电机状态下与次同步电动机状态下的电磁转矩是反向的，而其无功功率无论在超同步还是次同步状态下都随着转差绝对值的增加而增加。对于异步发电机而言，输出的有功功率越大、转速越高时，吸收的无功功率也越大。因此对于普通异步发电机组成的恒速风电场而言，其自身消耗的无功功率以及送端线路电抗消耗无功功率是风电场电压静态稳定性降低的主要原因。

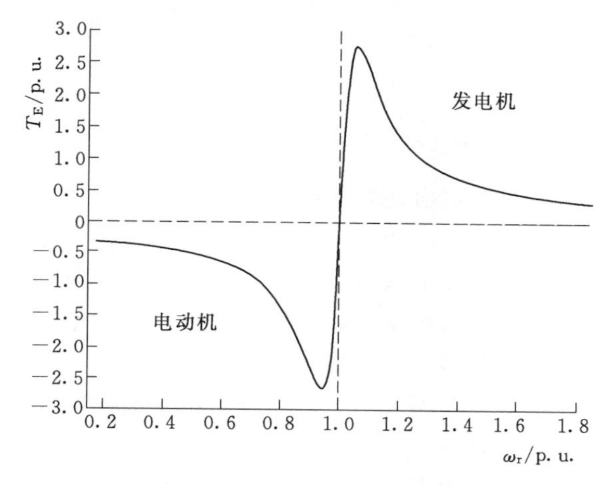

(a) 电磁转矩-转速特性曲线

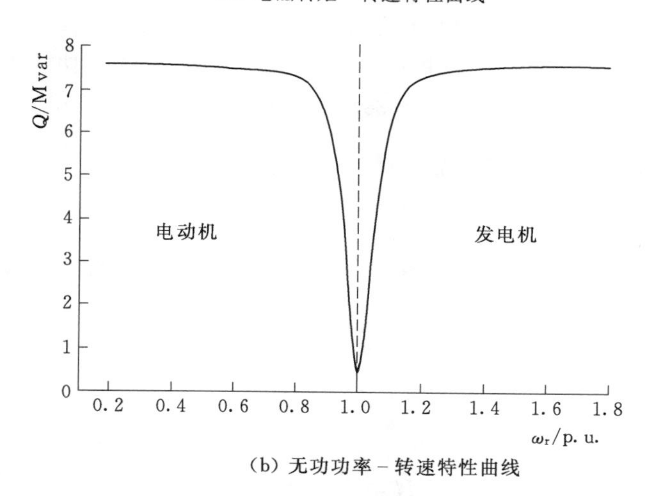

(b) 无功功率-转速特性曲线

图 4-25　1.5MW 普通异步发电机特性曲线

风电场往往处于电网末端，地区电网的电压稳定性弱，再加上恒速风电场运行时，在发出有功功率的同时也会吸收可观的无功功率，高出力运行方式下对电网电压静态稳定性

的不利影响则非常明显。

2. 变速风电场静态电压稳定性

由于变速风力发电机组主要以双馈风力发电机为代表，能够实现有功、无功的解耦控制，因此基于变速风力发电机组的风电场的无功特性完全取决于风力发电机组的控制。图 4-26 为双馈感应电机的电磁转矩-转速特性曲线，可以看出，当工作在额定电压且在正常转速范围内（一般±20%同步转速范围）时，双馈感应电机可以在容量范围内的任意转矩运行点运行。所以变速风力发电机组组成的变速风电场理论上能够控制其出口与电网之间不交换无功功率，即整个风电场不发出也不消耗无功功率，$Q_g=0$。因此，变速风电场与线路中只有线路的无功损耗是此系统的无功负荷，相比于普通异步风力发电机组组成的恒速风电场，由于其无功消耗变小，其电压稳定性明显好于恒速风电场。但是当变速风电场出力较高时，同样会带来风电场电压水平的下降及电压稳定性的降低；若此时风力发电机组能够采用适当的控制策略提高风电场发出无功功率以补偿线路上消耗的无功功率时，还可以进一步改善风电场的电压稳定性。

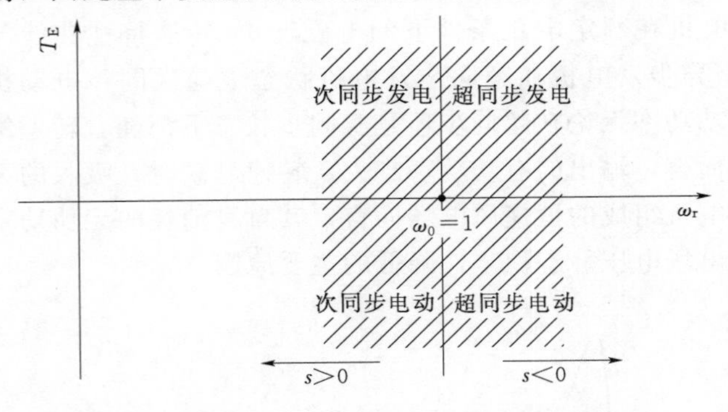

图 4-26　双馈感应电机的电磁转矩-转速特性曲线

总之，不论何种机型的风电场，当其出力较高时，由于电网向风电场方向输送的无功功率也增加，引起了主网与风电场之间线路的压降过大，导致风力发电机组机端电压过低；在暂态过程中，由于故障线路切出引起线路的等值阻抗增大，风电场送出线路与风力发电机组的无功功率需求更高，导致机端电压水平下降更大。工程实际中，由于风电场接入端电网结构薄弱，网络线路的无功输送能力欠缺，导致输送无功的压降太大，电网末端的电压水平无法保证，因此风电场一般都需要采用无功补偿装置来维持风电场电压稳定。

4.4.2　对电网暂态稳定的影响

1. 恒速风电场电压暂态稳定

对于普通异步发电机，其电磁转矩为

$$T_E=\frac{1}{\omega_r}\frac{U_1^2R_z/s}{(R_z/s)^2+X^2} \tag{4-27}$$

式中　ω_r——发电机转子转速。

异步发电机转子运动方程为

$$2H_G\frac{d\omega_r}{dt}=T_M-T_E \tag{4-28}$$

式中　H_G——异步发电机惯性时间常数；

T_M——施加在异步发电机驱动轴的机械转矩。

对于普通异步风力发电机组而言，当电网发生故障时，由于机端电压的降低导致发电机向电网注入的电磁功率也会降低，引起异步发电机加速。根据式（4-27），可以画出图4-27中的异步发电机不同机端电压时的电磁转矩-转速特性曲线。假设电网发生故障时异步发电机机端电压跌落至0.8p.u.则发电机的运行点由A点突然降落至E点。由于机械转矩大于电磁转矩使得发电机开始加速，发电机由运行点E沿电压0.8p.u.时的电磁转矩曲线加速，只要发电机转速不超过相对应电磁转矩-转速曲线的动态稳定极限点，即图4-27中0.8p.u.机端电压值的电磁转矩-转速曲线上的D点对应的动态临界转值ω_{fcr}，异步发电机就是动态稳定的；反之，若发电机一直加速超过D点，则发电机的电磁功率会始终小于机械功率，转速不断增加，导致发电机转子超速并带来机端电压崩溃无法重建，直至异步发电机的保护动作将其切除。

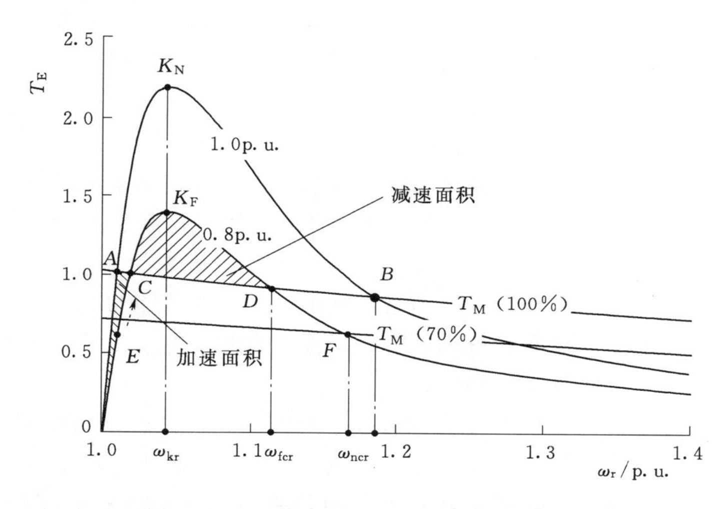

图4-27　异步发电机不同机端电压时的电磁转矩-转速特性曲线

若电网发生三相短路故障导致异步发电机机端电压过低且一直无法恢复，如图4-28所示，假设电压跌落至0.4p.u.，则会导致发电机电磁转矩曲线与机械转矩曲线没有交点，这种情况下机械转矩会始终大于发电机的电磁转矩，发电机会一直加速至发电机超速，机端电压崩溃无法重建，若整个风电场内所有风力发电机组都遭遇这种情况的话，那么风电场的电压将完全崩溃；若保护不能及时动作将风电场切除，会引起电网电压稳定性破坏，甚至还会造成电网其他发电机组或者元件的低电压保护装置动作跳闸。

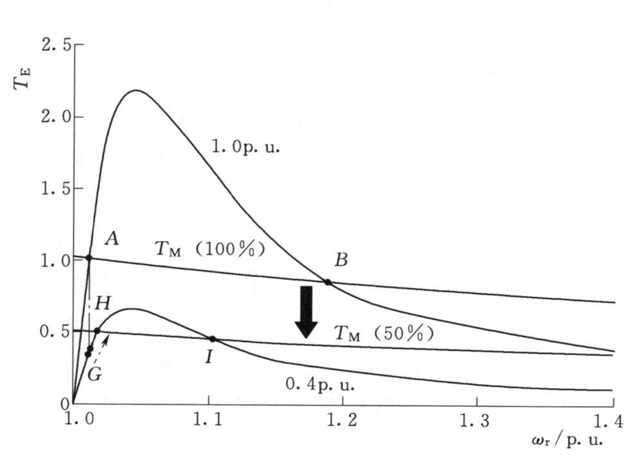

图4-28　异步发电机电网故障下过低电压下电磁转矩-转速特性曲线

2. 变速风电场电压暂态稳定

变速风电场中的双馈风力发电

机组能够通过变流器实现有功、无功解耦控制，相比于恒速风电场，其自身具备改善功率因数和电压稳定性的能力，因此其暂态稳定性要远远好于恒速风电场。正常控制策略下变速风电场中的控制系统在电网发生大扰动故障（如三相短路）时，无法提供大量动态电压支持，另外由于故障线路切除导致电网结构更弱，机端电压降低，风电无法完全送出，机械转矩大于电磁转矩引起风力发电机组超速，会导致整个风电场内所有风力发电机组的超速保护动作，并将风力发电机组切除，影响风电场的运行及电网的暂态稳定安全。

4.4.3　对电网频率稳定的影响

目前我国风电建设迅猛发展，国家发展和改革委员会提出了按照“建设大基地、融入大电网”的要求，在沿海地区和三北地区，规划若干个百万千瓦级风电基地，建设一系列大型和特大型风电场。然而风电大规模接入电网后势必替代部分传统同步发电机组，由于变速风力发电机组（主要是双馈风力发电机组和永磁同步风力发电机组）采用了电力电子变流器件，能够实现有功、无功解耦控制的同时，也将转子转速与电网频率发生了解耦，因而当电网频率降低时，无法对电网进行惯性响应。双馈风力发电机组固有的转动惯量对电网表现为一个“隐含惯量”，无法帮助电网抑制频率的变化率。通常大型传统同步发电机组的典型惯性时间常数通常在 2～9s 范围内，风力发电机组的典型惯性时间常数在 2～6s，与传统同步发电机在一个数量级，即大规模的风力发电机组接入电网后，导致电网惯量减小，当电网功率发生缺额时，电网的初始频率变化率会很大，会触发响应于频率变化率的保护动作，不利于电网频率的稳定。

另外，风电场自身输出功率的波动也造成了电网调频的难度，而电网的频率变化又会进一步影响风力发电机组的运行状态。这种影响主要取决于风电容量占电网总容量的比例。当风电所占比例达到一定规模时，其出力的随机性和波动性对电网的频率影响显著，将影响到电网的电能质量和对一些频率敏感设备的正常工作，严重时可能导致电网频率越限，进而危及电网运行安全。

随着风电渗透率的不断增长，大量风电场并网将对电网频率稳定的影响将越来越显著。因此西班牙、德国、丹麦、挪威、英国等欧洲国家的电网部门均颁布了技术新规定，明确要求风电场需要具备调频能力。我国也在 2009 年 Q/GDW 392—220《风电场接入电网技术规定》国家电网标准中对风电场调频任务做出了简单的规定。可以预见，随着我国风电装机容量的不断攀升，未来若干年后，风电场参与电网调频的要求会越来越明确。

4.5　风电并网对电能质量的影响

“并网型”风电场通常由几十台或者成百上千台风力发电机组构成，并与电网相连，这是当前国内外风电发展的主要趋势。然而由于风速具有随机波动特性，必然会导致风电场输出功率发生波动，因此风电场并网运行时，也容易引起电网电压发生波动。另外风力发电机组自身的风剪切、塔影效应、叶片重力偏差和偏航误差等，也容易造成闪变现象。目前风力发电机组中大多数是异步发电机，在运行时发出有功功率，并从电网吸收无功功

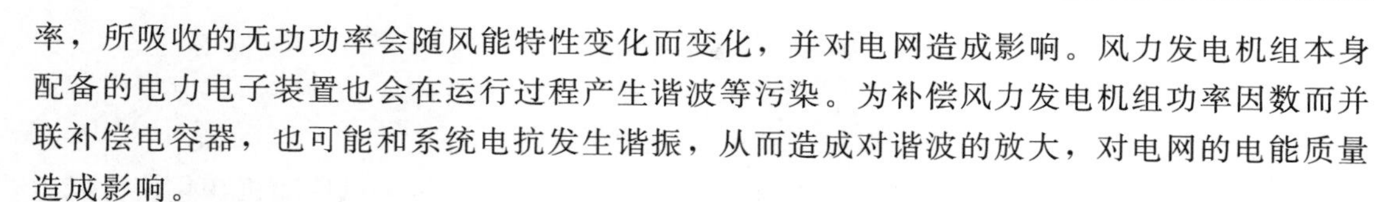

率，所吸收的无功功率会随风能特性变化而变化，并对电网造成影响。风力发电机组本身配备的电力电子装置也会在运行过程产生谐波等污染。为补偿风力发电机组功率因数而并联补偿电容器，也可能和系统电抗发生谐振，从而造成对谐波的放大，对电网的电能质量造成影响。

电网电能质量通常用电网的实际状况与理想系统的差距来衡量，理想的三相交流电压应该是连续的，其幅值和频率均保持在允许范围内，电压和电流的波形正弦无畸变。风电场并网发电过程中，在系统的 PCC 处容易发生如下常见的电能质量污染：电压偏差、电压波动及闪变、谐波、三相电压不平衡。

4.5.1 电压偏差

电网正常运行时，各节点的电压会随运行方式的变化而发生改变，偏离系统电压额定值。这种电压变化是缓慢的，每秒电压变化率小于额定电压的 1%。电压偏差强调的是实际电压偏离标称电压的数值，与持续时间无关。GB/T 12325—2008《电能质量 供电电压偏差》定义电压偏差为实际运行电压对系统标称电压的偏离程度的相对值，以百分数来表示。考虑风电场的接入，定义 PCC 的电压偏差为

$$\Delta U=\frac{U_{\text{real}}-U_{\text{base}}}{U_{\text{base}}}\times 100\% \tag{4-29}$$

式中 U_{real}——PCC 的线路实际电压值，V；

U_{base}——PCC 的线路标称电压值，V。

当恒速风电场投入时，由于是在同步电机转速接近额定转速时才投入电网的，要求并网时间短，短时间内大量无功功率的吸收造成了电压的跌落。而随着电容器组的逐级投入，无功功率的吸收逐渐恢复到零，电压水平也得以恢复。并联电容器补偿是通过电容器的投切实现的，因此调节不平滑，呈阶梯形调节，在系统运行中无法实现最佳补偿状态。这种操作将引起无功功率的波动，从而造成电压偏差。由于开关投切电容器是分级补偿，将不可避免地出现过补偿和欠补偿。根据无功功率与电压的关系，过补偿时会引起电压升高，欠补偿时感性负荷引起电压降低。风电场输出功率的波动也会引起风电场无功功率波动，因此必然引起电压波动，造成电压偏差。

变速风电场接入电网时，虽然可以实现有功和无功解耦控制，可减小风电场与电网之间波动功率交换，甚至不发生无功功率交换，但当变速风电场出力较高时，仍然可能造成电压降落，引起电压偏差。

4.5.2 电压波动及闪变

根据 GB/T 12325—2008《电能质量 电压波动和闪变》的规定，电压波动值为电压方均根值曲线（每半个基波电压周期方均根值的时间函数）上相邻的电压最大值与最小值之差，以系统标称电压的百分数表示，即

$$d=\frac{U_{\max}-U_{\min}}{U_{\text{N}}}\times 100\% \tag{4-30}$$

式中 $U_{\max}$、$U_{\min}$——电压均方根值曲线上相邻的电压最大值、最小值，V；

U_N——系统的标称电压。

传统电力系统中的电压波动和闪变多是由大容量冲击性负荷造成的，而风电场引起的电压波动和闪变问题则是由风电场输出功率的波动引起的。

对于恒速风电场而言，在风力发电机组连续运行过程中，由于风速随机变化使得风力发电机组输出功率产生相应波动，并直接导致风电场电压波动和闪变。随着风速的增大，风电场产生的电压波动和闪变也不断增大。

对于现代的变速风电场而言，由于在设计中采用了桨距控制和变流器控制来提高运行效率、稳定功率输出和提高电能质量，随着风速的增加，变速风力发电机组并网运行引起的短时闪变也呈现逐渐增大的趋势，这种规律与恒速风电场是一致的，但在数值上，变速风电场的闪变水平与恒速风电场相比大约降低了 4 倍。闪变水平降低的程度与风力发电机组工作的风速区域有关，变速风力发电机组在低风速区域和高风速区域具有不同的控制方式，这导致了连续运行过程中风力发电机组的功率输出在不同的风速范围具有不同的特点。在高风速区域，风力发电机组的输出功率一般都接近额定功率，且随风的波动程度较低；而在较低风速下，风力发电机组跟随风速的变化尽可能地捕捉更多的能量，这使得输出功率不平稳，从而更容易造成电压波动及闪变。

4.5.3　谐波

电力系统中电压和电流均为周期波形，对其进行傅里叶分解，则基波指频率为工频的电压或电流成分，谐波是指频率为工频整数倍的电压或电流成分，谐波次数即为谐波频率与基波频率的整数比。国家标准 GB/T 14549—1993《电能质量 公用电网谐波》中采用电压总谐波畸变率 THD 来描述，其定义为各次谐波电压含量方均根值与基波电压方均根值的百分比，即

$$THD = \sqrt{\sum_{h=2}^{n} U_h{}^2} / U_1 \times 100\% \tag{4-31}$$

式中　U_1——基波电压的方均根，V；

U_h——第 h 次谐波电压的方均根，V；

n——分析量的谐波最高次数。

IEC 61400.21—12605 标准中给出了连接在 PCC 上的多台风力发电机组引起的谐波电流计算式，即

$$I_{h\Sigma} = \beta \sqrt{\sum_{i=1}^{N_{wt}} \left(\frac{I_{hi}}{n_i}\right)^{\beta}} \tag{4-32}$$

式中　$I_{h\Sigma}$——公共连接点上的 h 次谐波电流畸变；

N_{wt}——连接到 PCC 上的风力发电机组的总数目；

n_i——第 i 台风力发电机组变压器的变比；

I_{hi}——第 i 台风力发电机组 h 次谐波电流畸变；

β——指数，表 4-2 给出了 β 的取值规定。

表 4-2 β 指数的规定

谐波次数	β	谐波次数	β
$h<5$	1.0	$h>10$	2.0
$5\leqslant h\leqslant 10$	1.4		

对于风力发电机组而言，发电机本身产生的谐波可以忽略，谐波电流的真正来源是风力发电机组中采用的电力电子元件。对于直接与电网连接的恒速风力发电机组，由于在连续运行过程中没有电力电子器件参与，因而基本没有谐波产生。当发电机采用软并网装置并网时，将有谐波电流产生，但由于装置投入的过程较短，发生的次数也不多，这时的谐波注入可以忽略，因此直接采用普通异步风力发电机组的恒速风电场与电网连接，其产生的谐波分量不大。

对于采用双馈风力发电机组与永磁同步风力发电机组的变速风电场而言，变速风电场并网后，无论是双馈风力发电机组还是永磁同步发电机组，风力发电机组中的变流器都将始终处于工作状态，由于变流器的开关频率是不固定的，采用强制换流变流器的风力发电机组不但会产生谐波，而且还会产生间谐波。虽然通过运用 PWM 开关变流器和合理设计的滤波器能够使谐波畸变率最小化，甚至可以使谐波的影响忽略，但如果电力电子装置的开关频率恰好在产生谐波的范围内，则会产生很严重的谐波问题，谐波电流大小与输出功率基本呈线性关系，也就是与风速大小有关。在正常状态下，谐波干扰的程度还取决于变流器装置的设计结构及其安装滤波装置的状况。

4.5.4 三相电压不平衡

电力系统在正常运行时，若构成三相系统的元件参数不对称，会造成系统三相电压或电流长时间运行在不平衡状态，致使电力系统和电力用户造成极大损害。GB/T 15543—2008《电能质量　三相电压不平衡》规定：电力系统 PCC 处负序电压不平衡度不得超过2%，短时不得超过 4%。其中三相负序电压不平衡度 ξ_{U2} 是指三相系统中电压负序基波分量方均根值 U_2 与正序基波分量均根值 U_1 的百分比，计算公式为

$$\xi_{U2}=\frac{U_2}{U_1}\times 100\% \tag{4-33}$$

我国风能主要集中在较为偏远的“三北”地区以及自然环境恶劣的东南沿海地带及其附属岛屿，风能资源与负荷呈现典型的逆向分布，这使得大多数风电场都需经过长距离输电线路接入电网。但由于系统负荷不平衡、线路三相阻抗不对称等因素，将容易在风电场与系统 PCC 处引发三相电压不平衡（即存在负序电压分量），使得风电场输出功率存在较大的二倍频波动。如果风电场长期在负序电压含量 4%的状态下运行，将会导致风电场内的风电机组发热而使其绝缘寿命下降。尤其当某相电压高于额定电压时，其运行寿命下降将更为严重。所以当系统发生三相电压不平衡时，如何提高风电场的安全稳定运行能力，保障风电场输出的电能质量，这将是大规模风电发展必须解决的关键技术之一。

第5章 海上风力发电

相比陆上风力发电，海上风力发电具有资源丰富、发电利用小时数高、不占土地、对环境影响小、适宜大规模开发等优点，且海上风电场一般靠近传统电力负荷中心，便于风电的消纳，无需远距离送电。因此，海上风电的开发与利用越来越受到人们的关注。

海上风电的特点如下：

(1) 海上年平均风速明显大于陆上。研究表明，由于海面的粗糙度小于陆地，离岸10km的海上风速比陆上高25%，离岸70km的风速比陆上大60%～70%。

(2) 单机容量更大。目前，绝大部分海上风力发电机组的单台容量为2～6MW，机型特点为三叶片、变桨控制，发电机有异步感应发电机、双馈异步发电机和永磁直驱（直驱、半直驱）发电机。据报道，国外已经在设计开发8～10MW的海上风力发电机组，到2020年，叶轮尺寸直径将达200m，相应单机容量将达15MW。

(3) 海上风电场离岸距离较远，以海底电缆与陆地电网连接并网，相当于增长了电气距离，并且需要设置海上升压站，组成海上电网。高压的海上电网技术难度大，建设费用高，运行经验很少，缺少成熟的技术支撑。高压海底电缆和海上升压站设备受到各方面因素的制约，当前欧洲海上风电场海上交流变电站的最高电压等级为150kV，而我国将要建设220kV的海上交流变电站。

(4) 随着海上风电场容量和离岸距离的增加，风电并网方式从交流并网发展到柔性直流并网（VSC-HVDC)，将在技术方面和经济方面都具有一定的优越性。VSC-HVDC设置海上换流站和高压直流海底电缆，是当前输变电领域的新技术。

(5) 海上环境恶劣，对电气设备的防腐造成了很严苛的要求，严重影响运行可靠性，且运维困难，施工难度大，费用高昂。设计方案要适应海上环境的要求，设备配置应兼顾考虑可靠性和经济性，除了需选用高可靠性的电气设备外，还应配套可靠的辅助系统、安全系统、应急系统等。

(6) 海上风电场一般实行“无人值守”的管理模式，自动化程度高，监控、保护、通信系统的功能和作用比较重要，远程监控是运行管理的主要手段。

5.1 世界海上风电的发展

海上风电发展的初级阶段：20世纪80—90年代为海上风电研究与示范阶段。拥有优越地理和气候条件的欧洲最早开始风力发电的研究与开发。90年代丹麦、荷兰和瑞典完成了海上风力发电样机生产和试验，并积累了海上风电场的运行经验。截至2000年年底，全球仅建8个小型海上风电场，装机容量为10.5MW，风力发电机组单机容量为220～2000kW。

海上风电发展的中级阶段：2001—2013年为兆瓦级以上海上风力发电机组商业化应用阶段。风力发电机组单机容量由2MW提高到6MW。截至2013年年底，欧洲共有11个国家开发海上风电，海上风电场已达69个，比2012年多了14个，累计2080台海上风力发电机组并网，同比增长20%，累计并网容量为6562MW，同比增长23.8%。

2013年，全球海上风电获得了有史以来最快的发展。据统计，全球海上风电新增装机容量为1721MW，在全球风电新增总装机容量36130MW中占比为4.8%，这是海上风电发展以来新增装机容量最多的一年。在欧洲，英国、德国、比利时、丹麦和瑞典等国都安装了新的海上风力发电机组。除了欧洲，中国和日本也建设了3个小型的商业性海上风电项目。全球海上风电累计装机容量已经达到6837MW，在全球累计风电装机容量中占比2.1%。

表5-1为2010年以前已建成的海上风电场的情况，表5-2为2012—2013年投入运营的风电场（不含小型测试风电场）情况，表5-3为2012—2013年全球主要国家海上风电装机容量。

表5-1 2010年以前已建成的海上风电场的情况

地　　点	建设年份	机组台数/(容量/MW)	离岸距离/km	水深/m
瑞士 Nogersund	1990	1/0.220	0.35	6
丹麦 Vindeby	1991	11/4.95	1.5～3	2.5～5
荷兰 Lely	1994	4/2	1	4～5
丹麦 Tuno Knob	1995	10/5	6	3～5
丹麦 DrontenIsselmeer	1996	28/16.8	0.4	5
瑞典 Bockstigen	1997	5/2.75	4	6
瑞典 Utgrunden	2000	7/10.5	8～12.5	7.2～10
英国 Blyth	2000	2/4	0.5	7.5
瑞典 Middelgrunden	2000	20/40	2	2～5
瑞典 Yttre Stengrund	2001	5/10	6	9
丹麦 Homs Rev	2002	80/160	17	6.5～13.5
丹麦 Palludan Flak	2002	10/23	3.5	11～18
英国 North Hoyle	2003	30/60	7～8	10～15
丹麦 Nysted Havm ϕllepark	2003	72/165.6	12	10
爱尔兰 Arklow Bank Phase Ⅰ	2003	7/25.2	14	5～8.5
英国 Scroby Sands	2004	30/60	2.5	4～12
日本 Hokkaido	2004	2/1.32	1	—
英国 Kentish Flats	2005	30/90	12	5
英国 Barrow	2006	30/90	8	20
荷兰 NSW	2006	30/108	—	—
OWEZ	2006	36/72	10～18	22
苏格兰 Beatrice	2007	2/10	25	45
英国 Burbo Bank	2007	25/90	6	8

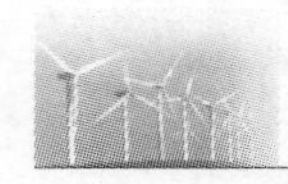

续表

地　点	建设年份	机组台数/(容量/MW)	离岸距离/km	水深/m
瑞典 Lillgrund	2007	48/110.4	—	—
中国渤海湾	2007	1/1.5	60	—
英国 Inner Dowsing	2008	27/97.2	—	—
英国 Lynn	2008	27/97.2	—	—
荷兰 Q7	2008	60/120	—	—
比利时 Thornton Bank	2008	6/30	—	—
德国 Alpha Ventus	2010	12/60	40	30～40
中国东海大桥	2010	34/102	8～13	10

表5-2　2012—2013年投入运营的风电场（不含小型测试风电场）

年份	国家	风电场	装机情况	基础型式	总装机量/MW	整机商
2012	英国	Thomton Bank Phase Ⅱ	30×6.15MW，REpower	导管架	184.5	REpower
2012	德国	BARD Offshore 1-Ⅲ	34×5MW，Bard	三桩	170	Bard
2012	英国	Walney 2-Ⅱ	51×3.6MW，Siemens	单桩	183.6	Siemens
2012	英国	Greater Gabbard	150×3.6MW，Siemens	单桩	504	Siemens
2012	英国	Sheringham Shoal	88×3.6MW，Siemens	单桩	316.8	Siemens
2012	英国	London Array Phase 1	54×3.6MW，Siemens	单桩	194.4	Siemens
2012	中国	如东潮间带项目一期	21/17/20×2.3/3/2.5MW	多桩/单桩	149.3	Siemens/华锐风电/金风科技
2012	中国	如东潮间带项目一期扩容	20×2.5MW	单桩	50	金风科技
2012	中国	龙源如东潮间带实验风电场项目扩容	2×5MW	多桩	10	重庆海装
2013	英国	London Array Phase 1	121×3.6MW，Siemens	单桩	435.6	Siemens
2013	英国	Lincs	75×3.6MW，Siemens	单桩	270	Siemens
2013	英国	Gunfleet Sands 3	2×6MW，Siemens	单桩	12	Siemens
2013	英国	Teesside	27×2.3MW，Siemens	单桩	62.1	Siemens
2013	英国	Gwynty Mor	7×3.6MW，Siemens	单桩	25.2	Siemens
2013	丹麦	Anholt	111×3.6MW，Siemens	单桩	399.6	Siemens
2013	德国	BARO Offshore 1-Ⅳ	46×5MW，Bard	三桩	230	Bard
2013	比利时	Thornton Bank 二期	18×6.15MW，Senvion	导管架	110.7	Senvion
2013	比利时	Northwind	25×3MW，Vestas	单桩	75	Vestas
2013	瑞典	Karehamn	16×3MW，Vestas	混凝土	48	Vestas
2013	日本	Kamisu 近海二期	8×2MW，Hitachi	单桩	16	日立
2013	中国	国电滨海潮间带项目	18×1.5MW，联合动力		27	联合动力
2013	中国	龙源如东潮间带实验风电场项目扩容	2×4.5MW，远景能源	多桩/单桩	9	远景能源

表 5-3 2012—2013 年全球主要国家海上风电装机容量 单位：MW

国家	2012 年新增	2012 年累计	2013 年新增	2013 年累计
比利时	184.5	379.5	186	565.5
中国	110	319.9	36	355.9
丹麦	0	832.9	400	1232.9
德国	80	278	230	508
爱尔兰	0	25	0	25
荷兰	0	246.8	0	246.8
挪威	0	2.3	0	2.3
葡萄牙	0	2	0	2
瑞典	0	163.3	48	211.3
日本	0	0	16	16
英国	756	2861	805	3666
全球总计	1131	5111	1721	6832

欧洲 2013 年依然是全球海上风电发展最快、新增装机容量最多的区域。其中英国新增和累计装机容量遥遥领先，英国海上风电的霸主地位仍不可撼动，新增海上风电装机容量约占欧洲海上风电装机台数的 50%，累计海上风电装机容量约占欧洲海上风电装机容量的 56%。不仅如此，英国从事海上风电开发，在海上风电场设计、基础施工、风力发电机组运输和安装、海底电缆铺设等方面积累了较为成熟的经验。2013 年，丹麦在海上风电的表现也让人眼前一亮，新增装机容量 400MW。由于 2013 年的突出表现，当年的新增和累计装机容量排在第二位。

2013 年，日本在海上共新增 8 台海上风力发电机组，机组容量共计 16MW。美国在海上风电也取得了进展，安装了首台海上风力发电机组，是由美国缅因州大学与美国能源部合作安装的按照 1/8 比例缩小的漂浮式海上风力发电机组，装机容量为 0.75MW。

2013 年，中国海上风电进展缓慢。根据中国风能协会（CWEA）的统计数据显示，仅有东方电气、远景能源和联合动力 3 家企业在潮间带地区新增了风力发电机组 21 台，共计装机容量 39MW（表 4-2 统计中未将东方电气项目列入），而且这些项目全部位于潮间带地区。

到 2020 年，为了实现欧盟确定的 2020 年可再生能源发电 20%的发展目标，欧洲海上风电装机容量将达到 70～80GW（英国 46GW，德国 15GW，荷兰 6GW，丹麦 4GW，瑞典 3GW，比利时 2.5GW，挪威 2GW），仅英国就计划在海上装机超过 7000 台。到 2030 年，德国海上风电装机容量计划达到 25GW。与此同时，世界上其他国家如加拿大等也都加快了近海风电开发研究和实验工作。

5.2 中国海上风电的发展

我国拥有十分丰富的近海风能资源，近海范围内由于海面粗糙度小，风速湍流度小，风向稳定，风速一般都比陆地大。根据我国气象部门调查，认为在5～25m水深的海域内，50m高度风速可装机容量约为2亿kW；5～50m水深的海域内，70m高度风速可装机容量约为5亿kW。据估算，我国海上风能的储量是陆地上的3倍。因此，开发海上风电对于解决我国沿海电能需求具有重要的战略意义。

早在20世纪90年代，我国就开始了风电及海上风电的前期研究与可行性分析，但由于受到技术、政策与成本等各方面因素的限制，我国的海上风电一度发展缓慢。2009年6月，国家发展和改革委员会对海上风电开发进行了部署和安排，提出了加快推进海上风电场示范项目建设的目标和任务，指出：上海、江苏、浙江等东部沿海地区潮间带、潮下带滩涂和近海具备建设海上风电场的资源条件和消纳大规模海上风电的市场条件。2010年6月，我国建成第一个大型海上风电场——上海东海大桥海上风电场，总装机容量102MW，装设风力发电机组34台，于2010年7月6日成功并网发电。截至2012年年底，我国海上风电新增江苏响水6.5MW示范项目、如东海上（潮间带）风电150MW示范项目和60MW扩建项目。2013年又新增如东海上（潮间带）风电36MW。

"十二五"期间，我国计划将重点在江苏、山东、河北、上海、浙江、福建、广东等沿海区域开发建设海上风电，2015年我国规划建成海上风电5GW，2020年将达到30GW。由于陆上风电的发展经验，当时对海上风电的发展偏于乐观，对价格政策，对用海相关管理等方面缺乏足够认识。截至2014年，海上风电累计核准308万kW，2014年中国海上风电累计装机容量为44万kW，已经无法实现原计划海上风电5GW的目标。

2014年底，国家能源局印发《全国海上风电开发建设方案（2014—2016）》（以下简称《方案》），总容量1053万kW的44个海上风电项目被列入开发建设方案。这44个海上风电项目分布在天津、河北、辽宁、江苏、浙江、福建、广东、海南等省份，其中江苏省列入开发建设的项目规模最大，达到348.97万kW。

5.3 海上风电场输电系统

5.3.1 电气系统组成

容量较大的海上风电场离岸距离较远，电气系统具有海上升压变电站，以高压海底电缆送出与陆上电网连接。

海上风电场电气主回路为：风力发电机→第一级升压（塔筒内）→中压海底电缆集电线路→第二级升压（海上升压站）→高压送出海底电缆线路→陆上集控中心→架空线路接入电网，它们组成了以下5个部分。

（1）风力发电机组电气系统。

（2）海底电缆集电线路。

（3）海上升压站。

（4）高压送出海底电缆。

（5）陆上集控中心 。陆上集控中心同时是海上风电场的计量站，某些项目中它还是风电场的第三级升压变电站。

海上风电场电气系统接线简示如图 5－1 所示，连接示意如图 5－2 所示。

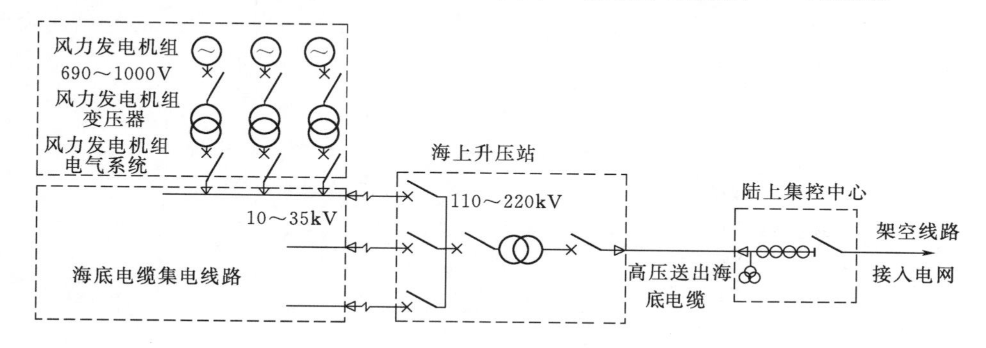

图 5－1　海上风电场电气系统接线简示图

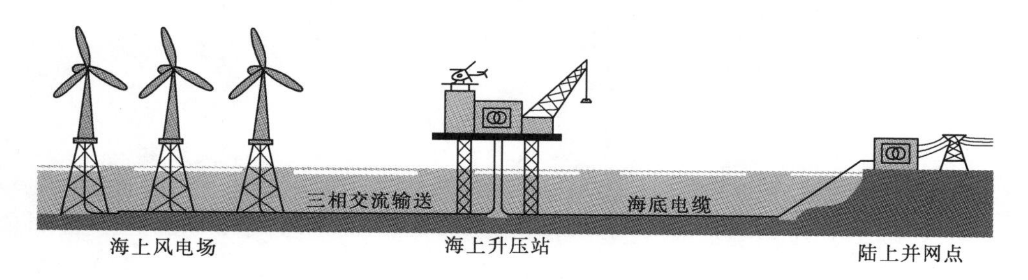

图 5－2　海上风电场电气系统连接示意图

5.3.2　输电系统及特点

海上风电场的风速更大、持续性更好，海上风电比陆上风电的风能利用系数更高，但技术难度和费用更高。海上风电场规模一般较大，离陆地较远，需要依靠远距离输电接入电网，从 1998 年开始，海上风电场都采用 110kV 以上的高压海底电缆与陆地变电站相连，因此海上风电的输电技术受到关注。

海上风电场输电系统结构如图 5－3 所示，其输电系统可采用高压交流输电技术或直流输电技术，其中直流输电技术又分基于晶闸管换流器的传统高压直流输电技术（以下简称传统高压直流输电技术）和基于电压源变流器的轻型（柔性）直流输电技术（VSC－HVDC，以下简称轻型直流输电技术）。以下分别对基于三种输电技术的输电系统进行介绍。

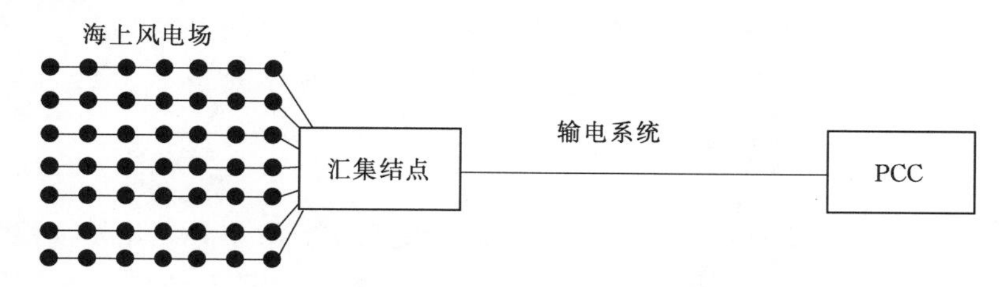

图 5－3　海上风电场输电系统结构

1. 高压交流输电系统

海上风电场高压交流输电系统主要包括：风电场内部交流汇集系统，海上升压站（可

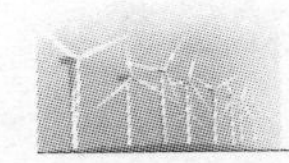

能装有无功补偿装置），连接海上升压站到陆上电网（陆上变电站）的高压三相交流海底电缆，以及陆上变电站（可能装有无功补偿装置）。一个600MW海上风电场高压交流输电系统基本结构如图5-4所示。

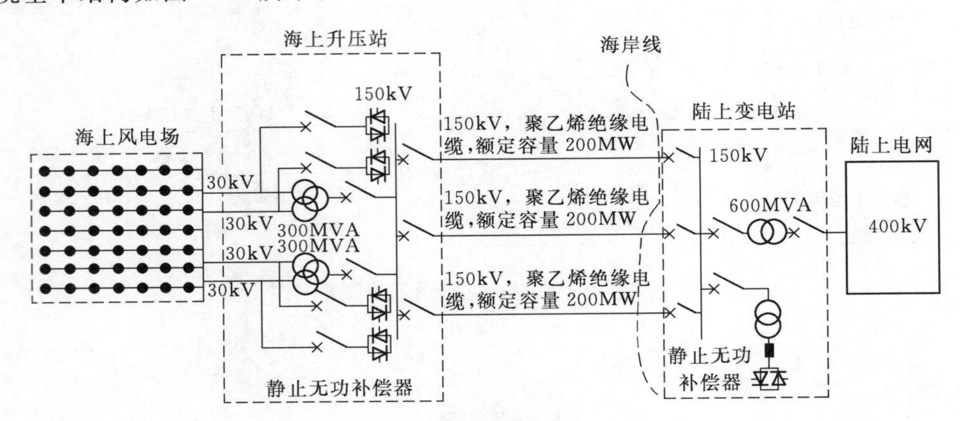

图5-4 海上风电场高压交流输电系统

丹麦的160MW霍恩斯·韦夫风电场采用的是高压交流输电技术。由于该风电场距海岸仅21km，海上升压站也不需要无功补偿装置，因此采用的是带630mm^{2}铜导体的170kV三芯聚乙烯绝缘电缆。随着海上风电场容量和离岸距离的增加，海电缆两端都需要无功补偿装置。假设400MW的海上风电场采用两条150kV、120km的高压交流电缆送出电力，就需要分别在海上和陆上两处补偿无功150Mvar。

高压交流输电系统的特点是输电结构较简单、成本低，尤其对于距离较短，容量较小的风电场。但由于交流电缆充电功率的影响，其输电功率和输电距离都受到限制，所以目前海上风电场输电系统普遍设置采用静止无功补偿器的形式。另外，输电电压的升高也会增加设备的体积和海上升压站的费用，海底电缆也更加昂贵。

2. 传统高压直流输电系统

基于晶闸管换流器的传统高压直流输电系统主要包括风电场内部交流汇集系统，海上升压站［装有换流变压器、滤波器、静止同步补偿器（STATCOM)］，高压直流电缆，陆上换流站（装有换流变压器和交流滤波器)，图5-5为传统高压直流输电系统的基本结构示意。

传统高压直流输电方式的输电损耗较低，海上风电场不必与电网同步，方便有功、无功的控制；但要求建设大型升压站和换流站，较高的建设成本对于300MW以下的中小型海上风电场来说，其可行性不高。

3. 轻型直流输电系统

轻型直流输电系统主要包括风电场内部交流汇集系统，海上升压站及变流器，高压直流电缆和陆地换流站。图5-6为两个基于电压源变流器的轻型直流输电系统的基本结构。

风电场采用柔性直流输电，能够为风电场提供良好的动态无功支撑，无需再设置无功补偿装置，提高并网系统电压稳定性和故障穿越能力，改善并网系统的电能质量，并且具有有功功率控制能力，从而提高并网系统的暂态稳定性。柔性直流克服了交流输电和传统

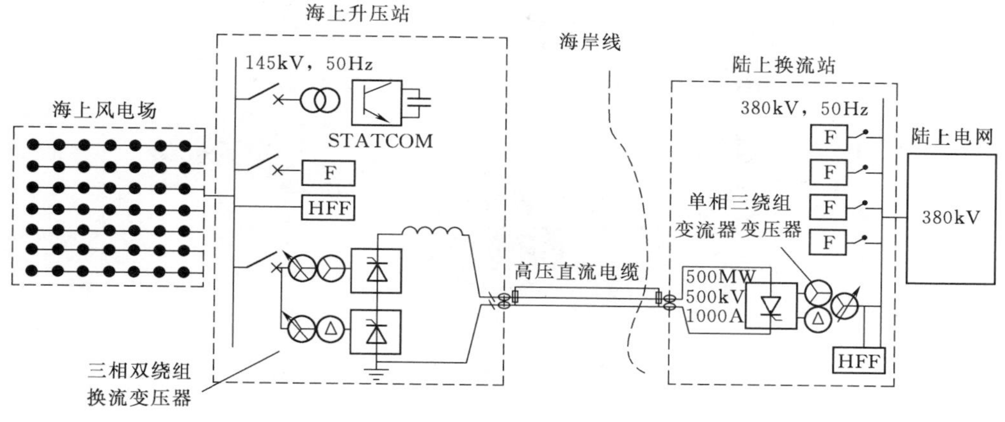
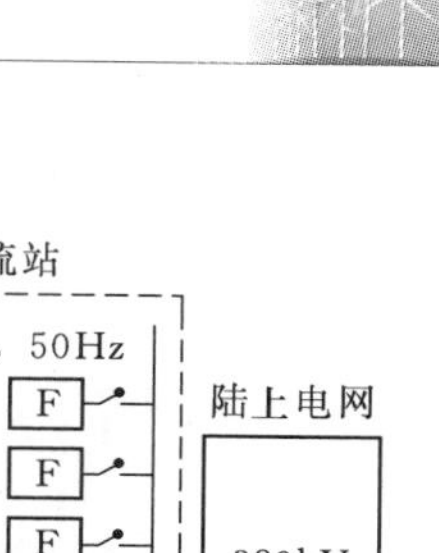

图 5-5 传统高压直流输电系统结构示意图

F—滤波器；HFF—高频滤波器

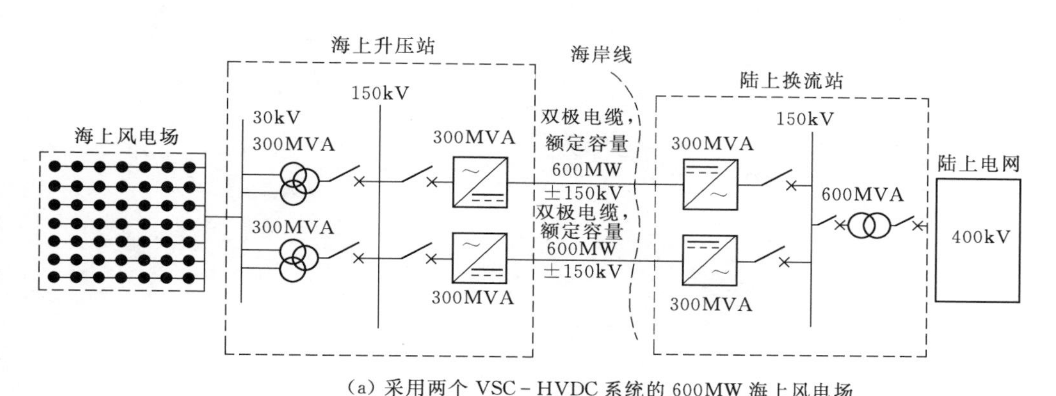

(a) 采用两个 VSC-HVDC 系统的 600MW 海上风电场

海上变压站
海岸线
海上风电场
30kV
500MVA
500MVA
150kV
双极电缆
额定容量：
600MW
±150kV
陆上换流站
500MVA
500MVA
150kV
陆上电网
400kV

(b) 采用一个 VSC-HVDC 系统的 500MW 海上风电场

图 5-6 海上风电场基于电压源变流器的轻型直流输电系统的结构示意图

型直流输电存在的缺点，特别适用于离岸距离较远和容量较大的海上风电场的并网送电，海上风电场柔性直流系统如图 5-7 所示。

以目前柔性直流输电技术发展水平，一回 ±320kV 柔性直流输电线路可输送约 1000MW 电能，几个邻近的海上风电场组成一个集群，集中通过柔性直流输电线路送出，可最大化发挥柔性直流技术优势和利用资源。每个海上风电场设置 1 个海上交流升压站，分别集中接入海上整流站，在陆上逆变站再与电网并网连接，图 5-8 为海上风电场集群柔性直流并网连接示意图。

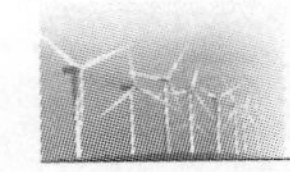

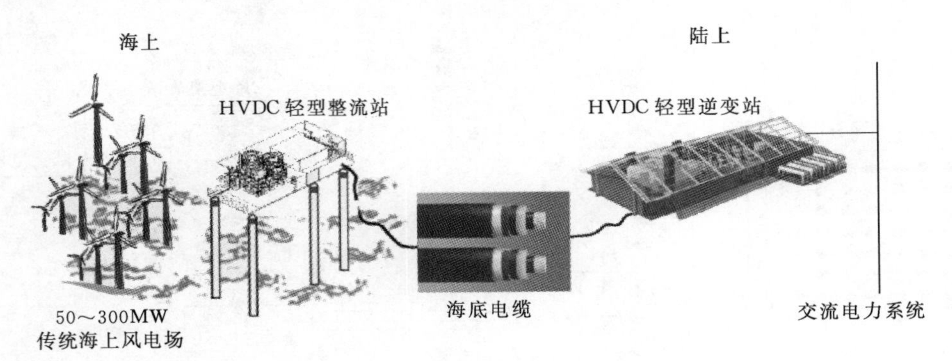

图5-7　海上风电场柔性直流系统示意图

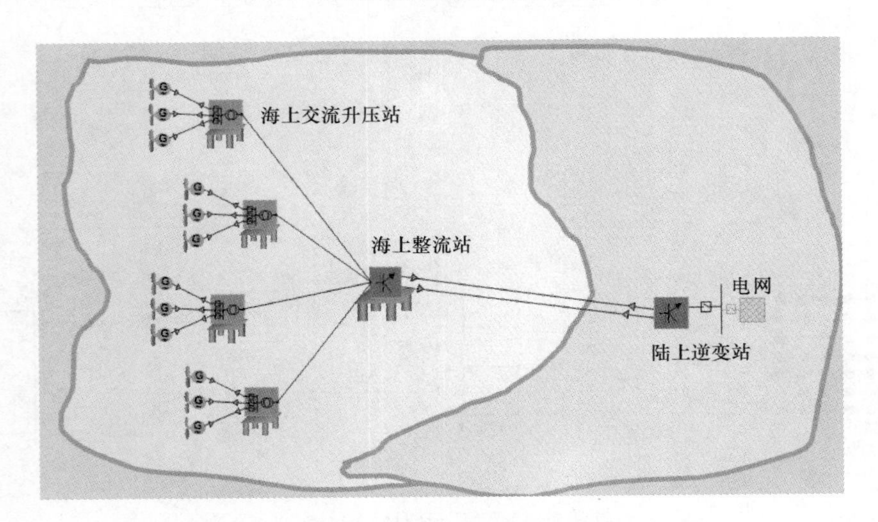

图5-8　海上风电场集群柔性直流并网连接示意图

海上风电场集群柔性直流并网最典型的实例是在德国北海海域，规划组成了几个海上风电集群，分别以±150kV、±250kV、±320kV等柔性直流输电线路向陆上电网送电，有关项目和欧洲其他项目见表5-4，我国的前期研究性并网项目见表5-5。

表5-4　欧洲已建和在建的风电场柔性直流并网代表性项目

项目名称	所在国家	装机容量/MW	输电距离/km	送电电压/kV	用途	备　注
Gotland2	瑞典	50	70	±80	岛上风电送出	世界上第一个商用轻型直流输电项目
Tjaereborg	丹麦	7.2	4.3	±9	陆上风电送出	试验项目
Bord1	德国	400	89	±150	海上风电送出	
Valhall	挪威	78	292	−150/0	海上风电送出	2009年投运
Borwin1	德国	400	200	±150	海上风电送出	
Dorwin1	德国	800	166	±320	海上风电送出	
Dorwin2	德国	900	135	±320	海上风电送出	

续表

项目名称	所在国家	装机容量/MW	输电距离/km	送电电压/kV	用途	备　注
Borwin2	德国	800	200	±300	海上风电送出	
Helwin1	德国	576	130	±250	海上风电送出	
Helwin2	德国	690	131	±320	海上风电送出	
Sylwin1	德国	864	210	±320	海上风电送出	

表 5-5　我国风电场柔性直流的前期研究性并网项目

项目名称	所在国家	装机容量/MW	输电距离/km	送电电压/kV	用途	备　注
南汇	中国	20	8.6	±30	陆上风电送出	科研示范工程
南澳	中国	200	40.7	±160	岛上风电送出	国内第一个商用轻型直流输电项目

轻型直流输电系统中采用新型全控器件IGBT和PWM技术，可以做到有功功率和无功功率的分别控制，海上风电场运行的频率可变，有利于实现风功率最大捕获并按电网要求控制输出功率。此外与传统高压直流输电技术相比，轻型直流输电技术还有以下方面优势：

（1）无须交流侧提供无功功率，没有换相失败问题。传统高压直流输电系统换流站需要吸收大量的无功功率，约占输送直流功率的40%～60%，需要大量的无功功率补偿装置；同时需要接入系统具备较强的电压支撑能力，否则容易出现换相失败。而轻型直流输电技术则没有这方面的问题。

（2）可以在四象限运行，同时且独立控制有功功率和无功功率，不仅不需要交流侧提供无功功率，还能向无源网络供电，在必要时能起到STATCOM作用，动态补偿交流母线无功功率，稳定交流母线电压。如果容量允许，甚至可以向故障系统提供有功功率和无功功率紧急支援，提高系统功角稳定性。而传统高压直流输电系统仅能两象限运行，不能单独控制有功功率或无功功率。

（3）谐波含量小，需要的滤波装置少。其开关频率相对于传统高压直流输电系统较高，产生的谐波比传统高压直流输电系统小很多，需要的滤波装置容量小，甚至可以不需要滤波器。

（4）当交流系统发生短路时，轻型直流输电系统能有效地隔离故障，保证风电场的稳定运行。

（5）系统具备黑启动能力。

基于以上技术特点，轻型直流输电系统在海上风电中有独特的优势，截至2012年年底，欧洲、美洲、亚洲、大洋洲、非洲的16个国家共有13个轻型直流输电工程投运，其中4个工程用于风电接入。

轻型直流输电技术在海上风电接入方面虽然有了较为成熟的应用，有成为海上风电主流并网技术的趋势。但由于受到电压源型换流器元件制造水平及其拓扑结构的限制，轻型直流输电技术具有以下方面局限性：

（1）输送容量有限。轻型直流输电系统目前最高设计输送有功功率为1000MW。

（2）单位输送容量成本高。相比于成熟的常规直流输电工程，其单位输送容量造价约为常规直流输电工程的4～5倍。

（3）输电距离较短。轻型直流系统相对损耗较大，其输电距离大多在几十千米到百余千米左右。从这个角度来说，轻型直流输电技术并不适用于长距离输电。

比较上述各种海上风电输电系统的特点，总体来说，交流输电系统结构简单、成本低，但输电距离和容量受到限制，适合小容量、近距离的海上风电场并网；传统高压直流输电系统不受传输距离限制，风电场频率可以大范围变化，但换流成本很高，一般可用于特大型海上风电场并网；轻型直流输电系统的优点非常适合于海上风电场接入陆上电网，但目前受元器件制造水平限制，输电容量和距离都还不能达到令人满意的程度。

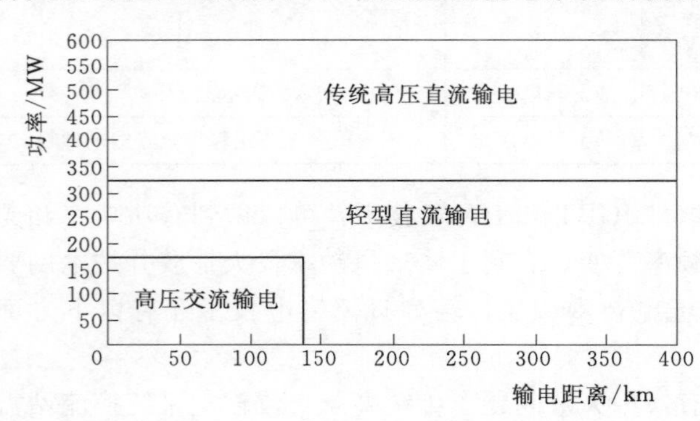

图5－9　基于风电场容量、输电距离的输电系统经济选择

海上风电输电系统方案的选择除了要求其技术性能满足要求外，还需要考虑传输等量电能经过相等距离时的总成本。整个系统的成本由投资成本与运行成本组成，包括输电损耗和换流器损耗。图5－9显示了海上风电场输电系统方案的选择与风电场容量和输电距离的关系。由于投资成本因风电场容量、运行成本和输电距离而异，因此一般都需要个案进行评估分析。

5.4　海上风电场的电气系统设计

5.4.1　电气系统特点

海上风电场由于地理环境、发电形式与传统电厂和陆上风电场都存在着诸多不同，在进行海上风电场电气系统规划与设计时，除了要考虑传统的电气设计要求之外，还需要注意以下方面：

（1）风力发电机组数量多。虽然风力发电机组单机容量不断增大，但以目前运行的海上风电场来看，海上风力发电机组单机容量大都集中在2～6MW，比陆上风力发电机组大很多。因此，一个大型海上风电场通常装设有几十台甚至上百台的风力发电机组。如Horn Rev I与London Array海上风电场分别由80台2MW风力发电机组与175台3.5MW风力发电机组构成。

（2）风电场内部电气线路长。考虑风力发电机组桨叶长度与风力发电机组间尾流效应，海上风力发电机组间距通常为$5R$～$6R$，即500～600m左右；另外，近海海上风电场（除滩涂风电场）离岸距离通常都超过10km，而规划中的远海风电场离岸距离甚至已经超过30km。因此，大规模海上风电场内部需要敷设数十甚至上百千米的电缆线路。如东

海大桥海上风电场离岸距离约13km，内部35kV海底电缆敷设长度约70km。

(3) 无功补偿装置。海上风电场输电系统由大量的与常规发电机出力特性有较大差异风力发电机组和长距离的海底电缆组成，因此，与常规的风电场输电系统有较大的不同；海上风电场的并网点不是陆上风电场的高压母线，而是高压海底电缆登陆后与电网相连；海上风电场海底电缆较长，其固有的容性充电功率大，加之风电出力的波动性、间歇性、不可预测性，需要设置响应速度快的动态无功补偿装置，有时还需要设置高压并联电抗器或其他装置。

(4) 海上风电场建设影响因素多，存在特殊限制。海上风电场的海上电网建设、运行涉及海洋、海事、港口、军事、环保、渔业、围垦等许多相关部门，海上风电场的布局、海上升压站的选址、海底电缆路由都受到较多因素的影响，审批流程复杂并且经常发生变化和调整；海上风电场与陆上电网的规划建设不够同步和协调，这些都直接或间接对并网方案产生影响。

(5) 海上风电场电气设备维护成本高。海上作业需要借助船只或直升机进行，不仅作业成本高，而且对能见度以及海上风浪都有一定的要求。现场经验表明，海上维护检修工作一般在非雨雾天气且风速小于15m/s、浪高小于2m的条件下方可进行。因此，要求海上风电场电气系统具有更高的可靠性与更全面的远程监控系统，在规划设计时需考虑电气元件的冗余。

5.4.2 内部集电系统

图5-10为海上风电场内部集电系统的示意。考虑到海上风力发电机组机端电压(690V)的箱变和断路器的体积大小和费用，海上风电场内的集电系统电压等级多在10～35kV的中压等级。若海上风电场规模更大，如风力发电机组出口电压为4000V，考虑到损耗问题，集电系统电压可能提高到110kV。

海上风电场内部集电系统的布局分别有放射、环形和星形三种结构。具体如下：

(1) 放射结构。这种结构通过一条中压海底电缆将若干台风力发电机组（包括箱变）串联起来，各“串”都汇到一母线上。放射结构又分链形和树形，如图5-11所示。这种结构的集电系统投资成本较低，控制简单，但可靠性不高，一旦发生故障，与该电缆相连的风力发电机组都将停运。另外这种结构每条链上的风力发电机组数目往往受地理位置、电缆长度和电缆参数等限制。现有的海上风电场内部集电系统多采用这种结构形式。

(2) 环形结构。在放射结构的基础上，将中压海底电缆末端的风电机组通过一条冗余的电缆连回到汇流母线上。装在电缆上的开关设备可以在电缆发生故障时断开，从而隔离故障，使其他风电机组发电不受影响，所以可靠性较高。环形结构可分为单边环形、双边环形和复合环形，如图5-12所示。

(3) 星形结构。图5-13是星形结构的风电场内部集电结构，风电场由若干圆形分布的机群组成，每台风力发电机组分布于圆周之上，输出的电能汇总到圆心母线后输出。该结构的优点是每台风力发电机组及其连接电缆发生故障时，不会影响其他风力发电机组的正常运行，并且还能够独立调节。该结构在设计时，会受到电缆容量限制。

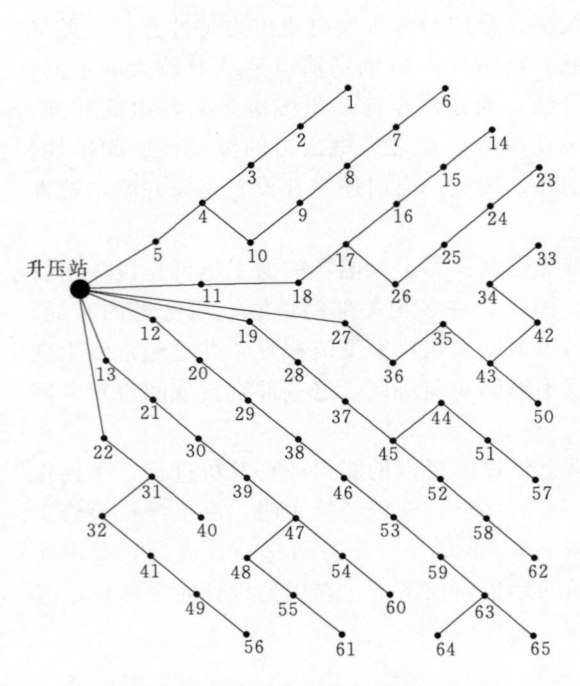

图 5-10　海上风电场内部集电系统示意图

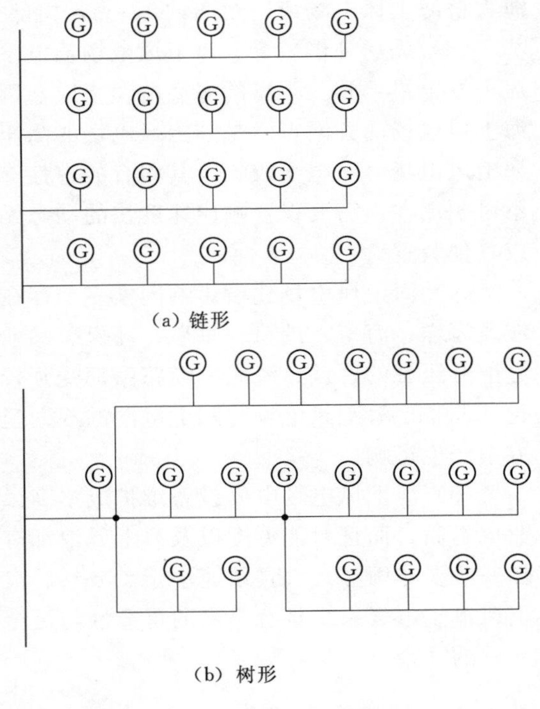

(a) 链形

(b) 树形

图 5-11　放射结构

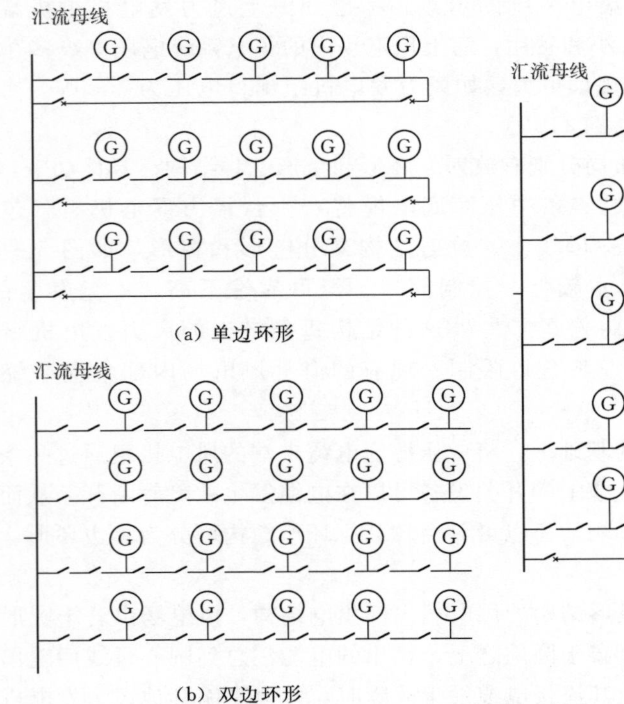

(a) 单边环形

(b) 双边环形

(c) 复合环形

图 5-12　环形结构

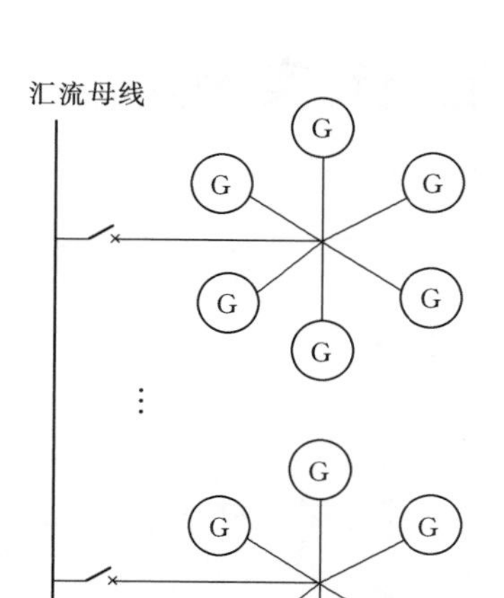

图 5-13 星形结构

图 5-14 海上升压站

5.4.3 海上升压站

海上升压站是建造在海洋固定平台上的升压变电设施，与常规陆上变电站相比，在站址选择、站址环境条件、土建基础设计、施工运行维护以及辅助设施方面均有很大的不同，具有其特殊性，如图 5-14 所示。海上升压站总体布置和设备选择应充分考虑以下原则：

（1）站址选择应结合海上风电场布置整体考虑。

（2）总平面布置应考虑设计施工和运行维护特点。

（3）设备选择应满足海洋运行环境要求。

（4）电气布置应充分考虑基础平台结构要求。

（5）满足现行海上建构筑物相关标准要求。

海上升压站一般按无人值班设计，布置于近海海域，属于环境潮湿、重盐雾地区。由于海上升压站造价昂贵，平台上电气设备宜布置紧凑合理，选择符合运行要求的产品，尽量减少设备维护工作量。海上升压站功能室一般主要包括主变室、高压配电装置室、中压配电装置室、无功补偿设备室、站用变室、柴油机室等一次电气设备室。

由于海上升压站建设在海面上，不仅容易受到大风与海浪的冲击，也易受到海水、盐雾水汽腐蚀的影响，因此，不仅海上平台的空间都由钢结构与混凝土构成，而且其中的电气设备也多选择户内型设备与 GIS 设备，即海上升压站成本不仅需要考虑电气设备成本，还包含海上平台费用。

第6章 风电并网设计实例

6.1 设计主要流程

(1) 风电场工程开展预可和可研设计，确定总体设计方案。

(2) 根据风电场总体设计方案，提出电气系统设计初步方案，对风电场接入系统设计提出要求。具体如下：

1) 安排或委托有资质的系统设计单位开展风电场工程接入系统设计。

2) 系统设计单位根据国家有关风电并网导则和规范，结合当地电网的现状和发展，分析风电场接入对电网的影响，从技术、经济各方面对几种接入系统方案进行比较，提出推荐的接入系统设计方案，并对风电场电气接线、设备配置和参数、运行方式等提出要求，完成风电场工程接入系统设计报告。

3) 由电网公司组织有关单位对风电场工程接入系统设计报告进行评审，提出评审意见。

4) 通过评审后，报电网主管部门审批，取得同意风电场工程接入系统设计的批文。

6.2 陆上风电并网实例

6.2.1 工程概况

甘肃某风电场场址位于酒泉地区瓜州县城东北约67km、玉门镇西北约73km处的戈壁荒滩，占地范围约180km²，分为A、B、C三个区域开发，如图6-1示意。本风电场项目属于酒泉风电基地二期工程。场址区海拔在1450～1680m之间，地势开阔，地形平坦。总装机容量603MW，共计安装134台单机容量1500kW的风力发电机组和134台单机容量3000kW的风力发电机组，年上网电量为139699.3万kW·h，年等效满负荷小时数为2328h。

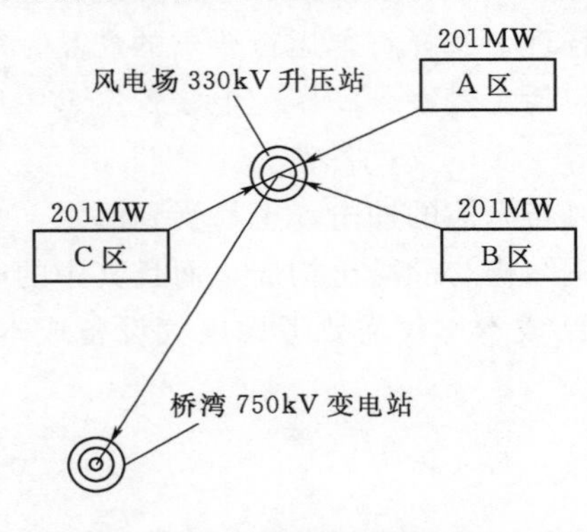

图6-1 甘肃某风电场分区接入示意图

风电场中A区和C区各安装67台风力发电机组，单机容量为3000kW，出口电压0.69kV，配套选用67台箱式变电站进行升压，箱式变容量为3400kVA，短路阻抗7%。B区安装134台风力发电机组，单机容量为1500kW，出口电压0.69kV，配套选用134台箱式变电站进行升压，箱式变容量

为 1600kVA，短路阻抗 6.5%。风力发电机组与箱式变的接线方式采用一机一变的单元接线方式。箱式变均布置在距离风力发电机组约 25m 的地方。

根据 35kV 线路输送能力、风电场装机规模、风力发电机组布置、地形特点等因素，确定本风场集电线路共 32 回，每回线路输送容量为 15～21MW。其中，A 区和 C 区风力发电机组分为 10 组，对应 10 回集电线路；B 区风力发电机组分为 12 组，对应 12 回集电线路。

风电场配套建设一座 330kV 升压站，升压站安装 3 台 240MVA 三相三绕组有载调压变压器。35kV 侧采用扩大单元接线，330kV 侧电气主接线采用单母线接线。330kV 主变进线 3 回，出线 1 回，接入电网的 330kV 变电站。

6.2.2 电网概况及风电场电能消纳

甘肃电网处于西北电网的中心位置，是西北电网的主要组成部分，目前最高电压等级为 750kV，主网电压等级为 330kV。甘肃电网往东与陕西电网通过 330kV 西桃、天雍、秦雍、眉雍共 4 回线联网；往西通过兰州东—官亭 750kV 线路及 330kV 杨海 1 回、海阿 3 回、官兰西线双回与青海电网联网；往北通过 1 回 750kV 线路及 5 回 330kV 线路与宁夏电网联网。

甘肃省电网分为中部电网、东部电网和河西电网，本风电场接入河西电网。2010 年，随着河西 750kV 输变电线路及与新疆联网工程的顺利实施，西北电网 750kV 主网网架基本形成。河西电网作为新疆与西北电网联网及酒泉大规模风电送出的通道，形成以 750kV 武胜变、河西变和 330kV 古浪、凉州环网结构，以及 750kV 河西变电站、酒泉变电站和 330kV 金昌、山丹、张掖环网结构。750kV 敦煌变电站和酒泉变电站是酒泉风电的汇集点，750kV 电网向西北沿河西走廊延伸并通过敦煌—哈密双回线路与新疆电网联网。

酒泉地区风电场出力波动性大，全年多数出力集中在装机容量的 20%以内，绝大部分出力在装机容量的 70%以下，整个酒泉区域出力系数平均约为 0.634。2013 年嘉酒电网电量盈余 187.64 亿 kW·h，酒泉风电装机容量和占电源装机比重较大，负荷电量消纳能力不能满足风电电量的消纳。2013 年甘肃电网电量盈余 344.2 亿 kW·h，酒泉风电电量不能完全在甘肃电网内部平衡消纳，只能选择向外网输电。

根据西北电力设计院关于 750kV 第二通道输电能力的研究，新疆电力和酒泉风电的送出容量取决于酒泉—河西双回线和沙洲—鱼卡双回线这 4 回 750kV 输电通道的断面输送能力。按 750kV 酒泉—河西线路三相永久性故障控制，2013 年酒泉直流建成之前断面控制送电能力为 7500MW 左右。如果新疆电网送入电力维持在 1000～2000MW，酒泉直流输电线路建成之前能够送出约 5000MW 风电，能够满足酒泉风电基地一期风电的送出要求，但不能满足酒泉风电基地本期 3000MW 风电的送出要求；如果新疆电网送入电力维持在 4000～5000MW，那么上述 4 回输电通道的全部送出能力连酒泉一期风电的送出要求都无法满足，更无法考虑二期风电的送出。因此，需要建设酒泉—湖南±800kV 直流输电工程，依靠特高压直流输电来满足本期 3000MW 风电的送出，同时也为酒泉风电基地二期后续 5000MW 风电的送出创造条件。

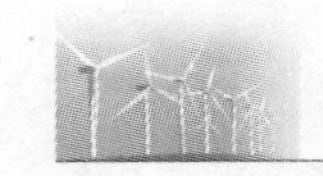

6.2.3　接入系统原则

酒泉地区本期3000MW风电项目打捆汇集，统一规划接入系统。

（1）借鉴酒泉一期风电汇集、升压方案以及建设、运行经验，本期风电建设采用35kV电压等级汇集，在风电场升压站升压为330kV，然后以330kV线路送出，根据酒泉风电的送出和消纳思路，优先选择750kV网络向外输电。

（2）先将本期3000MW风电就近汇集（600～800MW风电设立一个汇集站），建设5个330kV风电汇集升压站。

（3）依据国家电网公司《风电场接入电网技术规定》的要求，风电场到系统第一落点的送出线路可不必满足"$N-1$"要求。

6.2.4　接入系统方案

风电场总装机容量600MW，汇集到配套的1个330kV升压站后由1回330kV出线接入桥湾变电站。新建330kV线路长度约28km，导线型号LGJ-2×300，如图6-2所示。

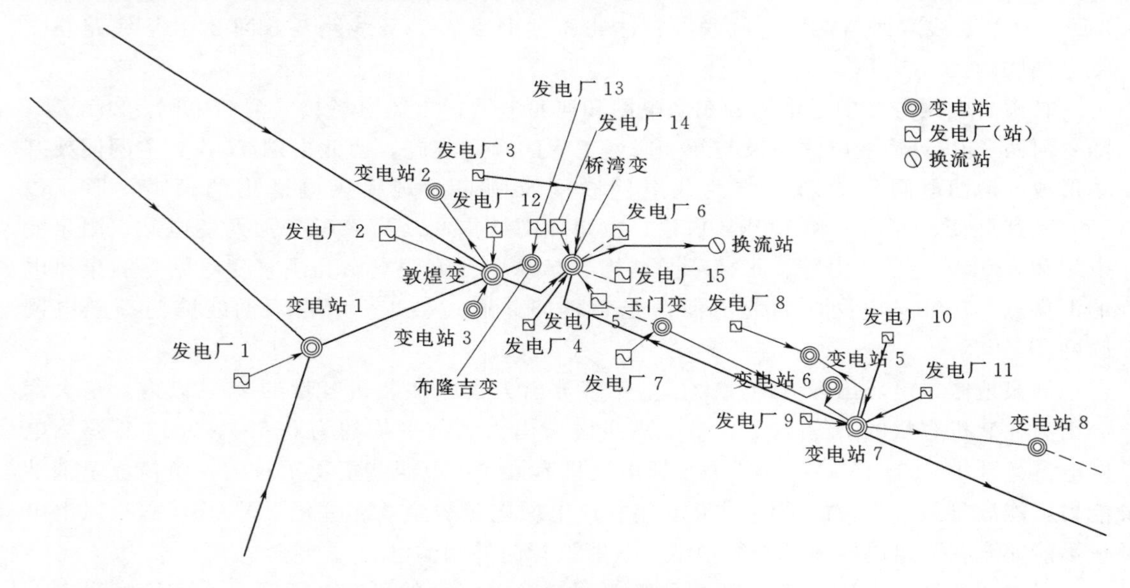

图6-2　某风电场接入系统示意图

6.2.5　电气计算结果

1. 潮流计算

考虑直流外送8000MW电力至湖南，本接入方案能满足风电的送出要求，750kV主网第一和第二通道潮流流向基本相同，基本能够保证疆电夏季送出2000MW、冬季送出4000MW的要求。不同运行方式下，敦煌—沙洲750kV断面潮流波动较大，冬小方式下敦煌变送出1800MW，夏大方式下敦煌变送入约1400MW。直流建成后，桥湾变—酒泉变750kV断面潮流明显减轻，冬小方式下最大送出约为1200MW。本接入方案潮流分布

合理，没有线路过载的问题。

2. 短路计算

接入系统短路电流计算结果见表 6-1。

表 6-1 主要节点最大短路电流计算结果

三相短路节点名称	最大短路电流/kA	三相短路节点名称	最大短路电流/kA
750kV 桥湾变 330kV 母线	50.6	本风电场升压站 35kV 母线（三台主变分列运行）	25.2
330kV 布隆吉变 330kV 母线	39.0	本风电场升压站 35kV 母线（两台主变并列运行）	35.8
330kV 玉门变 330kV 母线	10.7	本风电场升压站 35kV 母线（三台主变并列运行）	44.3
本风电场升压站 330kV 母线	15.3		

由于风电场提供短路电流的能力较小，因此风电的接入对公网变电站 330kV 母线短路电流的影响很小，不会对现有公网变电站开关设备造成威胁。

3. 工频过电压计算

工频过电压计算条件如下：

（1）允许水平。规程规定的 330kV 网络的过电压水平，线路断路器的变电所及线路侧应分别不超过网络最高相电压（有效值）的 1.3 倍及 1.4 倍。

（2）故障形态。采用三相开断、单相接地同时三相开断两种故障形态。

（3）运行方式。夏大方式和冬小方式。

经计算，风电场升压站送出线路的工频过电压最大值出现在夏大方式，没有超过规程规定的允许值。计算结果见表 6-2。

表 6-2 工频过电压计算结果

运行方式	故障点	故障类型	工频过电压最大值/p.u.	
			桥湾变侧	风电场升压站侧
夏大	桥湾变侧	三相开断	1.053	0.994
		单相接地三相开断	1.078	0.976
	风电场升压站侧	三相开断	0.944	0.946
		单相接地三相开断	0.923	1.066
冬小	桥湾变侧	三相开断	1.042	0.937
		单相接地三相开断	1.067	0.951
	风电场升压站侧	三相开断	0.948	0.957
		单相接地三相开断	0.944	1.049

4. 潜供电流计算

经过计算，为实现 0.5s 快速重合，需要将潜供电流降至 12A 以下。风电场上网线路风电场侧潜供电流为 4.48A，电网变电站侧为 4.14A，均低于 12A，送出线路满足单相快

速重合闸的要求。

5. 稳定计算

电压稳定分析原则：不考虑功角稳定问题。当最低电压回升，并且不产生增幅振荡，中枢点或某一地区的电压不持续低于 0.70p.u. 时，认为系统是稳定的。

选择典型电压曲线进行计算分析，故障类型和故障地点选择以下情况：

(1) 桥湾变 330kV 送出线路“$N-1$”故障。

(2) 风电场 330kV 送出线路单相瞬时故障。

(3) 风电场 35kV 系统内部复杂故障。

稳定计算结果表明：330kV 上网线路单相接地故障和风电场内 35kV 线路单相接地或者复杂故障时，系统各主要节点和升压站电压能够保持稳定，如图 6-3～图 6-5 计算曲线所示。

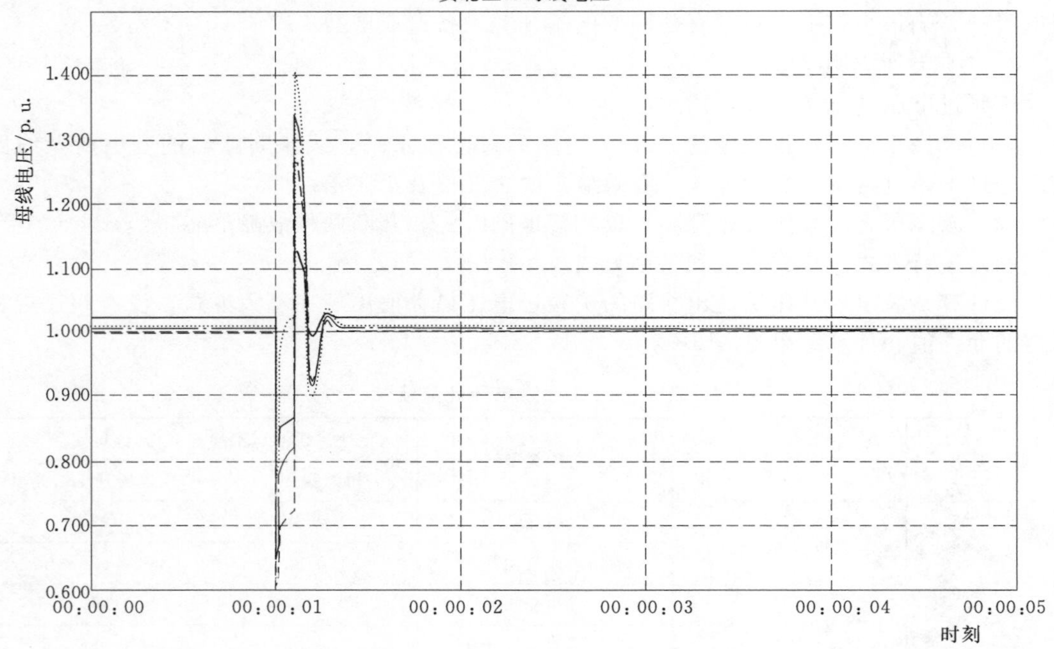

图 6-3 桥湾变电站 330kV 送出线路“$N-1$”故障电压响应曲线

6. 动态无功补偿容量计算

风电场在满发时汇集线路、升压站、送出线路都要消耗较大的无功功率，风电场停发时，需要一定的感性无功功率以补偿线路的充电功率。按照 Q/GDW 392—2009《风电场接入电网技术规定》和《国家电网公司风电场典型设计》，无功补偿配置原则如下：

风电场的无功电源包括风力发电机组及风电场无功补偿装置。风电场首先应充分利用风力发电机组的无功容量及调节能力，仅靠风力发电机组的无功容量不能满足系统电压调

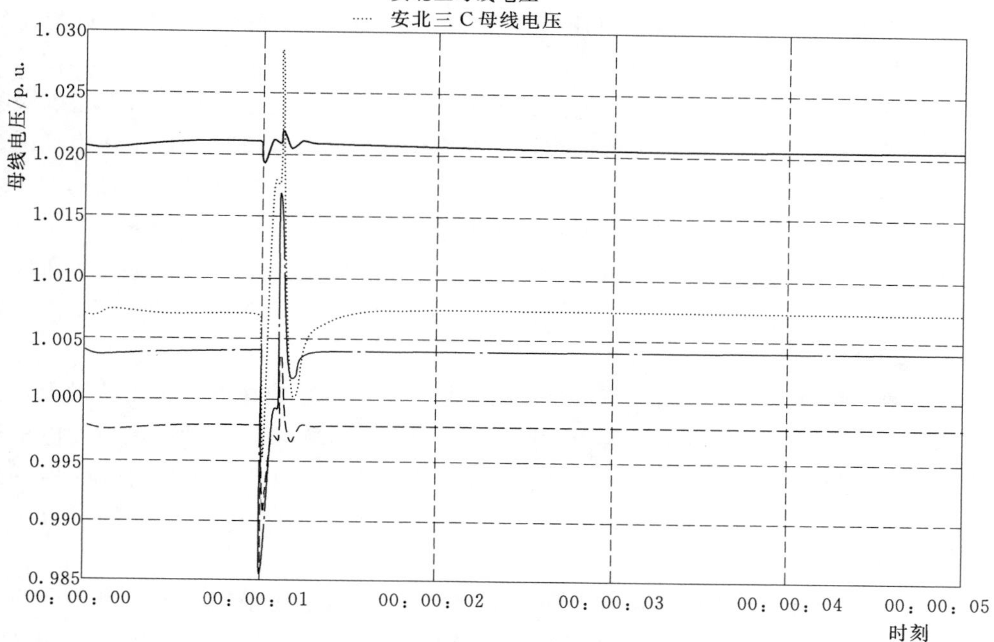

图 6-4 风电场送出线路单相瞬时故障电压响应曲线

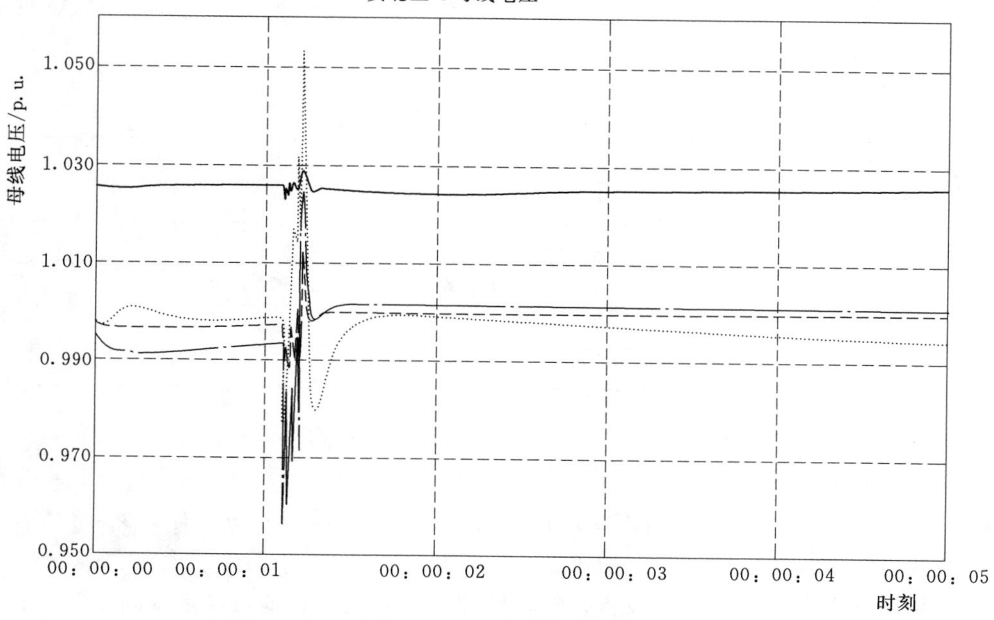

图 6-5 风电场 35kV 内部复杂故障电压响应曲线

节需要时，应在风电场集中加装适当容量的无功补偿装置，无功补偿装置应具有自动电压调节能力。

风电场的无功容量应按照分（电压）层和分（电）区基本平衡的原则进行配置和运行，并应具有一定的检修备用。

对于通过220kV（或330kV）风电汇集系统升压至500kV（或750kV）电压等级接入公共电网的风电场群，其风电场配置的容性无功容量除能够补偿并网点以下风电场汇集系统及主变压器的感性无功容量外，还要能够补偿风电场满发时送出线路的全部感性无功损耗；其风电场配置的感性无功容量能够补偿风电场送出线路的全部充电功率。

此外，甘肃河西地区大容量风电通过750kV输电系统集中外送时，受风电功率间歇性和随机性影响，运行时风电功率波动情况下无功补偿设备存在频繁投切问题，需要考虑采用动态无功补偿设备。

经过计算，推荐升压站每台主变35kV侧安装1套动态无功补偿装置，若风力发电机组功率因数按1.0考虑，需要无功容量为容性57～感性10Mvar；若考虑风力发电机组无功出力平衡，升压站35kV母线功率因数按1.0计算，需要无功出力容量为容性27～感性10MVar。

7. 电能质量要求

根据《国家电网公司风电场接入电网技术规定》，当风电场采用带电力电子变换器的风力发电机组时，需要对风电场注入系统的谐波电流作出限制。根据国家标准GB/T 14549—1993《电能质量—公用电网谐波》规定要求，并且按照国家标准所规定的方法进行换算。

经过计算，风电场330kV侧最小方式下短路容量为884.8MVA，由本期汇集系统接入3个装机容量200MW的分区风电场，按容量分配，升压站本期1台主变35kV母线处的谐波电流允许值见表6-3。

表6-3 风电场升压站35kV母线各次谐波允许值

标准电压/kV	短路容量/MVA	谐波次数及谐波电流允许值/A											
		2	3	4	5	6	7	8	9	10	11	12	13
35	250.3	16.0	13.0	8.2	13.0	5.5	9.4	4.1	3.7	3.3	6.0	2.7	5.1
标准电压/kV	短路容量/MVA	谐波次数及谐波电流允许值/A											
		14	15	16	17	18	19	20	21	22	23	24	25
35	250.3	2.4	2.2	2.1	3.9	1.8	3.5	1.6	1.6	1.5	2.9	1.4	2.6

风电场并网点电压偏差在－10%～10%之内，风电场应能正常运行；正常运行时风电场升压站高压侧电压偏差控制为－3%～7%。频率在48～49.5Hz时风电场具有至少运行30min的能力；49.5～50.2Hz时连续运行；高于50.2Hz时风电场具有至少运行2min的能力，并执行调度指令降低出力或切机。

风电场应配置电能质量检测设备，实时监测风电场电能质量指标是否满足要求。风电场并网点电压的闪变、谐波、三相电压不平衡度等应满足国家标准要求。

6.2.6 风电场电气设计

1. 电气主接线

如图 6-6 所示，风力发电机组与升压变采用“一机一变”的单元接线方式，升压变将风力发电机组出口电压由 0.69kV 升压至 35kV，通过 35kV 架空线路分组汇集为 32 回进线后，引入 330kV 升压站 35kV 母线。

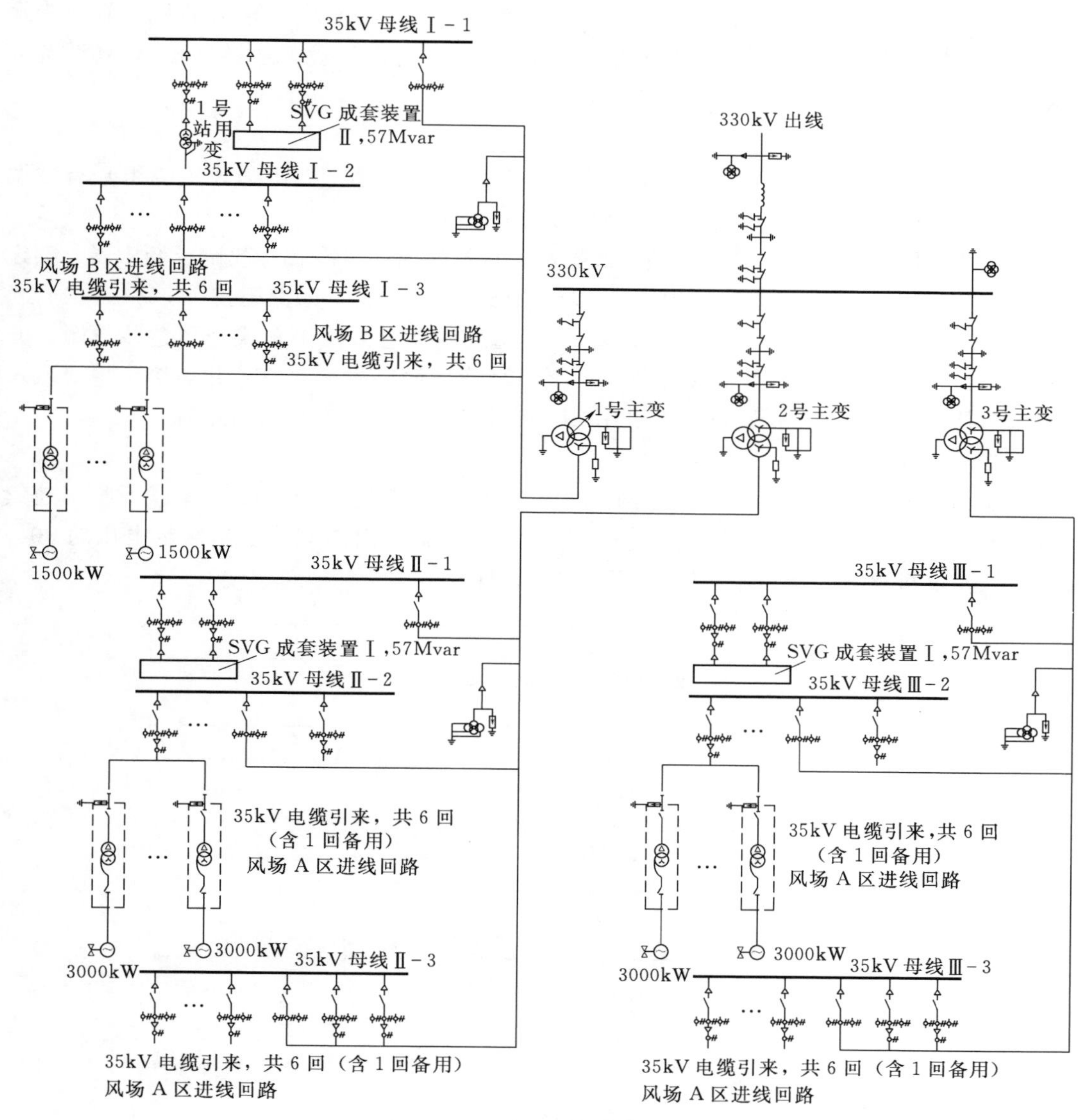

图 6-6 某风电场主接线

330kV 升压站采用容量为 240MVA 主变，变压器 35kV 侧最大工作电流达 3959A，目前 35kV 开关柜具有型式试验报告的产品的最大额定电流为 3150A，因此采用单母线方案目前暂没有定型设备，因此 35kV 侧电气主接线采用扩大单元接线，每台主变 35kV 侧设置由3段母线组成的扩大单元接线，其中2段母线为风力发电机组电源进线，1段母线为无功补偿与站用电。

风电场330kV升压站为终端变电站，进线3回，出线1回，线路、变压器等连接元件少于6回，而且风电场利用小时数较低，因此330kV侧电气主接线采用单母线接线。

2. 短路电流水平

升压站330kV侧最大短路电流为15.3kA，根据系统推荐的运行方式，升压站主变采用分列运行方式，35kV母线短路电流为25.2kA。结合短路电流计算结果及目前制造水平，本升压站330kV侧设备的短路电流水平按40kA进行电气设备选择，35kV侧设备的短路电流水平按31.5kA进行电气设备选择。

3. 主要设备

升压站安装3台容量为240MVA的三相三绕组（其中第三绕组为稳定绕组）有载调压变压器，根据风电场所分三个区域分别接入各自的主变。

变压器采用户外油浸式、低损耗、低噪声、自然油循环风冷式有载调压变压器，额定电压比（363±8×1.25%）/37/10kV，接线组别YNyn0+d11，短路阻抗14.5%。

330kV配电装置选用户外敞开式设备。35kV配电装置采用手车式金属铠装封闭式开关柜，3段35kV开关柜母线间采用35kV全绝缘管母线形成扩大单元并连接至主变低压侧。无功补偿设备接入35kV母线，采用SF_6断路器，其余均为真空断路器。

4. 低电压穿越能力

风电场的风力发电机组具有在并网点电压跌至20%额定电压时能够保证不脱网连续运行0.625s的能力，风电场并网点电压在发生跌落后2s内能够恢复到额定电压的90%时，风力发电机组能够保证不脱网连续运行，如图6-7所示。

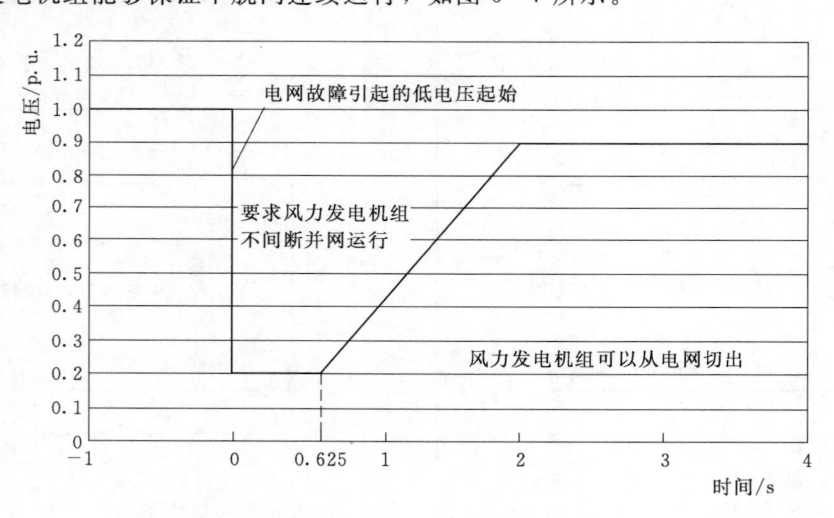

图6-7　风力发电机组低电压穿越能力要求

当电网发生三相短路、两相短路、单相接地短路故障引起并网点电压跌落时，若风电场并网点考核电压全部在图中电压轮廓线及以上的区域内时，场内风力发电机组能够保证不脱网连续运行；风电场并网点任意一线电压低于或部分低于图中电压轮廓线时，场内风

力发电机组允许从电网中切出。

5. 有功功率预测及输出

风电场配置风电功率预测系统，系统具有0～48h短期风电功率预测和15min～4h超短期风电功率预测功能。风电场每15min自动向电网调度部门滚动上报15min～4h的风电场发电功率预测曲线，预测值的时间分辨率为15min。风电场每天按照电网调度部门规定的时间上报次日0～24时风电场发电功率预测曲线，预测值时间分辨率为15min。

风电场设置一套有功功率自动控制系统，能够接收并自动执行电网调度部门远方发送的有功功率及有功功率变化的控制指令，确保有功功率及有功功率变化按调度中心的给定值运行。当风电场有功功率在总额定出力的20%以上时，要求场内所有运行风力发电机组能够连续平滑调节，并能够参与系统有功功率控制。应具备紧急控制功能，根据调度部门的指令快速控制风力发电机组输出有功功率，必要时可通过安全自动装置快速自动切除或降低风电场有功功率。

有功功率控制系统具备数据采集和控制功能，实时监测风电场上网功率，并根据调度中心主站分配的处理计划控制风电场出力。

6. 无功补偿装置

每台主变35kV侧配置一套补偿容量为容性57～感性10Mvar的静止型动态连续可调无功补偿装置，型式采用静止无功发生器（Static Var Generator，SVG），其响应时间不大于30ms。

适用于35kV系统的SVG有10kV降压式SVG及35kV直挂式SVG，10kV降压式SVG受IGBT支路电流限制，容量较小，57Mvar SVG需要不少于5支路并联，如此多支路并联成一个整体运行，可靠性较难保证。因此，本工程未采用10kV降压式SVG。35kV直挂式SVG当时还无大容量产品，因此推荐采用2组28.5Mvar的SVG并联运行。

SVG属于第三代有源型无功补偿装置，由IGBT控制，响应时间快，通常小于10ms，电压波动和闪变抑制效果较好；属于电流源特性，因此低电压特性较好；采用先进的链式电路拓扑结构，以阶梯波逼近正弦波，产生谐波极小，谐波电流通常小于额定电流的0.6%，同时可滤除13次以下谐波，谐波特性好。SVG能够满足电网对风电接入的要求。

工程设置一套无功电压控制系统，分别与变电站计算机监控系统、动态无功补偿装置、主变分接头以及风力发电机组中央监控系统建立数据交换。

无功电压控制系统的控制对象包括风力发电机组、无功补偿装置及主变的分接头。该系统按照调度中心指令自动调节风电场发出（或吸收）的无功功率，实现对并网点电压的控制。

7. 中性点接地方式

升压站330kV系统为有效接地系统，主变330kV中性点的接地方式通常有直接接地、经小电抗接地和主变中性点选择性接地（中性点设置放电间隙、隔离开关、避雷器、电流互感器等）。不同的接地方式对系统单相短路电流水平、变压器中性点的绝缘水平、系统切换过程中零序阻抗的稳定等都有比较明显的影响。由于主变中性点接地方式由系统运行要求决定，因此根据接入系统报告对升压站的要求，采用主变中性点选择性接地方式。

根据《风电并网反事故措施要点》（国家电网调〔2011〕974号）要求，风电场汇集线单相故障应能快速切除，避免故障扩大。因此35kV系统采用低电阻接地方式，并配置单相接地故障保护。

升压站每台 330kV 主变对应的 35kV 集电线路长度约为 120km，35kV 电缆长约为 2.5km，经计算，每台 330kV 主变压器对应的 35kV 系统电容电流约为 21A，考虑到系统单相接地保护的灵敏性要求，选用接地电阻值为 202Ω，额定电流为 100A。

6.3 海上风电并网实例

6.3.1 工程概况

江苏某海上风电场 300MW 风电特许权项目位于某县运粮河口至双洋河口之间的近海海域之“××北区 H4 号”区域，风电场中心位置离海岸线直线距离约 31km，规划海域面积约 52.5km^2，如图 6-8 所示。

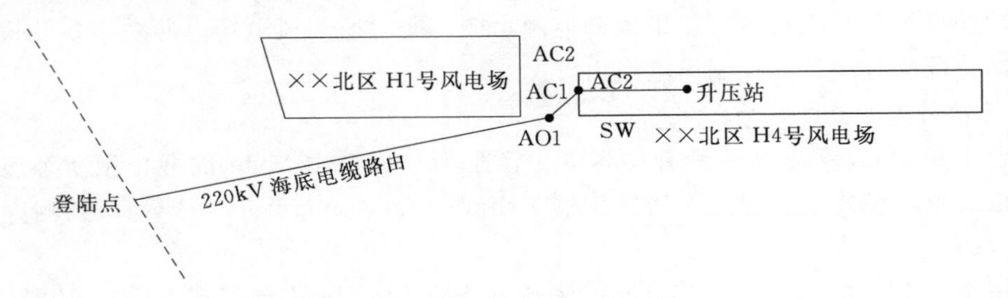

图 6-8 某海上风电场位置示意图

工程考虑了风电场建设条件、尾流影响等因素，以风电场发电量最大为原则，同时将尾流影响控制在合理范围内。工程共布置 100 台 3MW 风力发电机组，总容量为 300MW。初步计划采用 SL113－3000 机型，单机容量为 3MW，转轮直径 113m，轮毂高度 90m。

风电场采用两级升压方式，风力发电机组出口电压为 0.69kV，每台风力发电机组配套设置 1 套机组升压设备（在塔筒内部单独设置一层设备平台，升压设备布置在该专用平台上），变压器可将风力发电机组出口电压升高至 35kV，采用一机一变单元接线方式。风力发电机组机端升压变容量为 3.3MVA，短路电压百分比为 7%。风电场风力发电机组高压侧采用 8～9 台风力发电机组为一个联合单元接线方式，按风力发电机组布置及线路走向划分，初步设置 12 回 35kV 集电线路，各联合单元由 1 回 35kV 海底电缆接至 220kV 海上升压站。风电场拟建设 1 座 220kV 升压站，初步计划采用海上升压站—陆上集控中心的形式。海上升压站位于风电场中部区域，计划建设 2 台 150MVA 双绕组变压器，以 1 回 220kV 海底电缆送出，海上升压站距登陆点直线距离约 31km。

工程建成后，年理论发电量为 11.0973 亿 kW·h，年上网电量 7.9321 亿 kW·h，等效满负荷小时数为 2644h。

6.3.2 电网概况及风电场电能消纳

某海上风电场位于江苏盐城电网的中部地区，至 2010 年年底，盐城电网拥有 500kV 变电站 1 座，主变 2 台，变电容量 1500MVA，220kV 变电站 22 座，主变 36 台，变电容

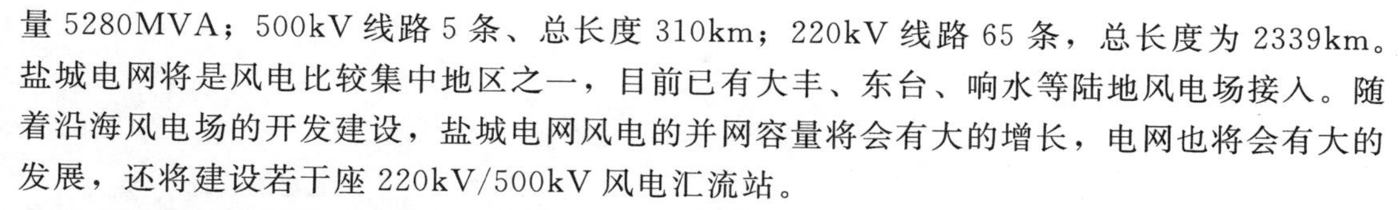

量 5280MVA；500kV 线路 5 条、总长度 310km；220kV 线路 65 条，总长度为 2339km。盐城电网将是风电比较集中地区之一，目前已有大丰、东台、响水等陆地风电场接入。随着沿海风电场的开发建设，盐城电网风电的并网容量将会有大的增长，电网也将会有大的发展，还将建设若干座 220kV/500kV 风电汇流站。

电力平衡分析结果表明：盐城地区近期和中远期负荷增长较为迅速，接入盐城 220kV 电网的风力发电机组不能满足负荷的需要。高峰负荷和腰荷时段，盐城 220kV 电网均缺电严重，2017 年高峰时缺电 3831MW，腰荷缺电 1789MW，风电场发出电量就地消纳平衡；低谷负荷时段，电源出力将超过地区低谷用电负荷，多余电力将通过 500kV 主变升压输送到江苏主网或盐城北部、南部电网消纳。“十二五”期间，盐城电网正处于由电力外送转变为电力受进的转型期，需要从电网受进电力。虽然风力发电机组随机性较强，可控性较差，但仍然可以在一定程度上满足当地负荷的需求，缓解盐城中片电网的供电压力。

6.3.3 接入系统原则

根据江苏省能源局、江苏省电力公司《江苏沿海地区风电场接入系统规划（2011—2020）》，海上风电场接入系统原则为：

（1）风电按照“分层分片、近期就近分散、远期相对集中”的原则接入系统。

（2）近期开发的风电就近分散接入 220kV 及以下电网，在当地消纳。对于分散接入的风电场，重点关注各电网接入点公用负荷供电母线的电压波动和电能质量的控制。

（3）远期大容量的风电通过开闭站汇集后接入 500kV 电网，在全省范围内消纳。对于集中接入的风电场，重点关注系统安全性、协调经济运行、故障后低电压穿越控制、电网输电能力和规模效率等问题。

（4）新建风电场应装设一定的动态无功补偿装置，以提高接入点和分区的电能质量，提高分散接入分区的规模和能力；远期汇流站也应该考虑装设部分动态无功补偿装置，改善汇流点处的电压水平，加强系统的安全稳定水平。

6.3.4 接入系统方案

根据某海上风电场工程情况、电力市场消纳、接入系统原则，提出了 2 个接入系统比选方案，经技术经济比较，工程接入系统推荐方案为：工程新建 1 回 220kV 线路接入 500kV 潘荡变（盐北变）220kV 母线，线路总长约 95km，其中潘荡变—工程电缆转架空点处的线路导线型号选用 LGJ－2×630（预留沿海地区规划中的海上风电接入裕度），长度约 56.5km（线路按同塔双回设计单侧挂线），海底电缆登陆点—转陆上集控中心连接架空线线段采用长度约 6.5km 的陆缆，如图 6－9 所示。

6.3.5 电气计算结果

1. 潮流计算

根据盐城 220kV 及以上电网正常运行方式及各节点高峰时段计算负荷值，考虑地区风电出力的随机性，对接入系统方案在盐城电网高峰、低谷负荷时段风电场满出力运行的两种典型潮流进行计算。计算时风力发电机组功率因数设置原则为：风电场向并网线路送

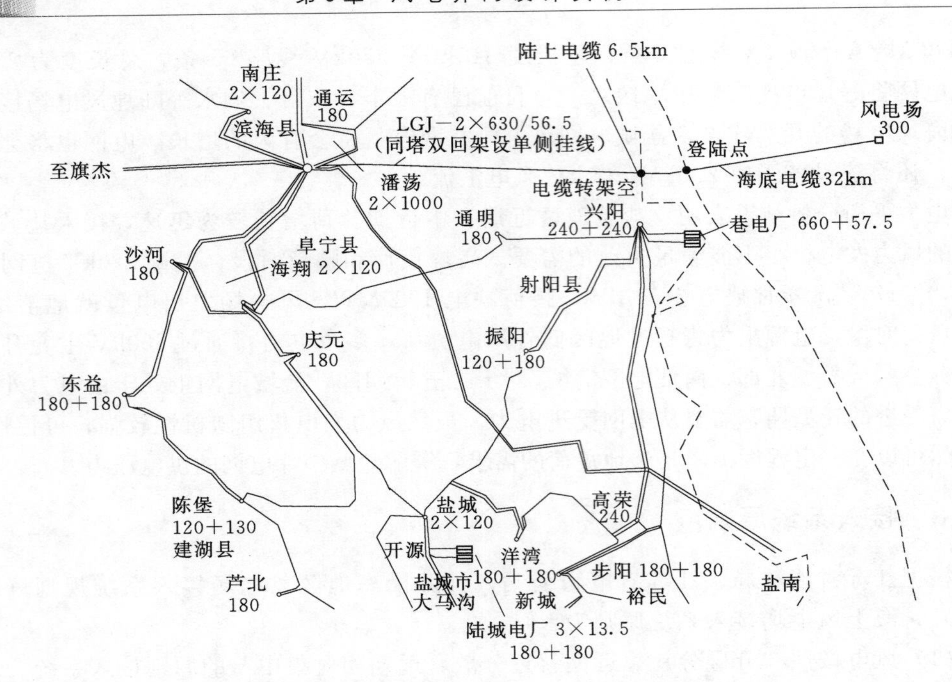

图 6-9 海上风电场接入系统方案示意图

出无功，以平衡风电场满出力运行时并网线路的无功损耗，风电场的系统接入点与电网不发生无功功率交换（$\cos\varphi=1$），计算盐城地区低谷时负荷暂按高峰负荷的50%计取。计算了2014年盐城电网各方式下的潮流，计算结果表明，工程接入系统方案在电网夏季高峰、低谷负荷时段均能满足海上风电场功率的全额送出，没有线路过载的问题。

2. 公共接入点电压计算

海上风电场接入点220kV母线电压计算结果见表6-4，满足国家标准GB/T 19963—2011《风电场接入电力系统技术规定》和行业标准NB/T 31003—2011《大型风电场并网设计技术规范》规定的风电场接入公共连接点电压允许偏差为额定电压－3%～7%的要求。

表 6-4 海上风电场公共接入点母线电压计算值

负荷时段	风电场运行方式	潘荡变220kV母线电压/kV
高峰	满发	225.6
	停发	226.1
低谷	满发	232.6
	停发	234.0

注：表中计算水平年取2014年，风力发电机组功率因数暂取0.98，送出线路考虑装设70Mvar的高抗。

3. 短路电流计算

计算条件：远景年盐城电网正常方式，系统电源全部并网运行；盐城电网分为南北两片运行，500kV潘荡变4×1000MVA、500kV响水汇流站3×1000MVA。

不同短路点短路电流计算结果见表6-5。

表 6-5 不同短路点短路电流计算结果

短路点	三相短路电流/kA	短路点	三相短路电流/kA
500kV 潘荡变 220kV 母线	35.39	风电场海上升压站 220kV 母线	7.90
500kV 响水汇流站 220kV 母线	28.46	风电场海上升压站 35kV 母线	24.31

经计算，本例中海上风电场的接入对周边电网的短路电流水平影响不大，附近系统设备短路电流水平满足规范要求。

4. 暂态稳定计算

工程风力发电机组拟选用双馈异步发电机，当风力发电机组大规模接入电网后，将对系统的运行产生一定的影响，进而可能影响到系统的暂态稳定性。就本例海上风电场接入系统后，在送出线路发生三相永久故障、风力发电机组全部退出运行的情况下，对周边系统同步发电机组稳定性进行了校核计算。

计算基于本工程 300MW 风力发电机组全部并网的 2014 年系统方式。计算结果表明，本工程 300MW 风力发电机组全部退出运行对系统稳定性没有大的影响，发电机功角曲线如图 6-10 所示。

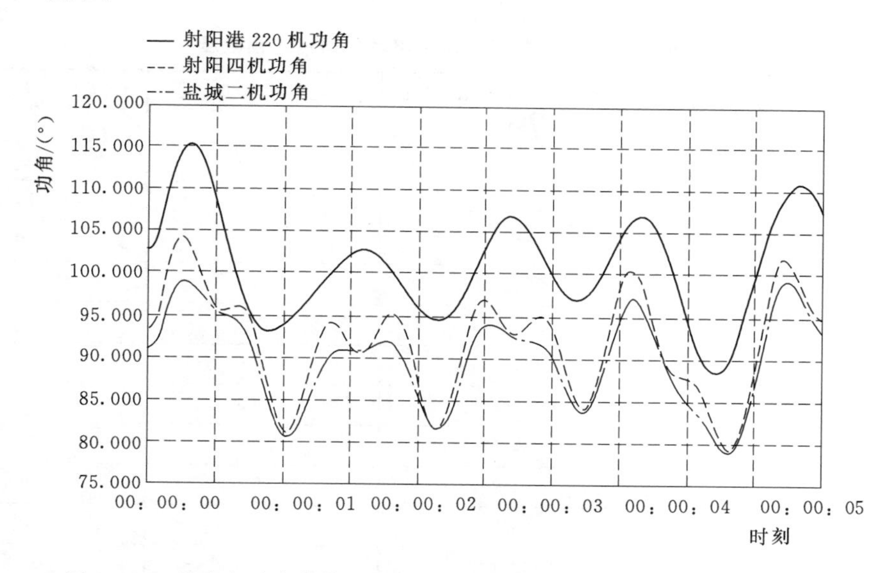

图 6-10 发电机功角曲线（风电场—潘荡变三相故障，0.12s 故障切除）

5. 无功平衡及补偿容量计算

(1) 35kV 电压层的无功平衡见表 6-6。

表 6-6 35kV 电压层的无功平衡表

风力发电机组出力 ($\cos\varphi=0.98$)	35kV 回路感性无功 /Mvar	35kV 集电线路海底电缆充电功率/Mvar	无功平衡
100%	24.92	8.29	需补容性无功
60%	9.241		接近平衡
50%	6.507		需补感性无功

表6-6表明：当风力发电机组功率因数为0.98时，若风电场出力不小于60%额定功率，35kV集电线路海底电缆充电功率小于感性无功，充电功率可在35kV电压层消纳平衡；若风电场出力为50%～60%额定功率，35kV集电线路海底电缆充电功率与感性无功基本相当；若风电场出力小于50%额定功率，35kV集电线路海底电缆充电功率大于感性无功，多余的无功向高压侧送出。

(2) 220kV电压层的无功平衡见表6-7。

表6-7 220kV电压层的无功平衡表

220kV线路	长度/km	220kV充电功率/Mvar	需配置的无功补偿容量/Mvar			
			全额补偿	补偿70%	补偿60%	补偿40%
海底电缆800mm²	32	73.9	73.9	51.7	44.3	29.6
陆地电缆1000mm²	6.5	16.3	16.3	11.4	9.8	6.5
架空线2×630mm²	56.5	11.0	11.0	7.7	6.6	4.4
无功总计		101.2	101.2	70.8	60.7	40.5

注：海底电缆、陆上电缆、架空线的单位长度正序电纳暂按47.7×10^{-6}、51.83×10^{-6}、4×10^{-6}s/km考虑。

(3) 系统正常运行时风电场并网点工频电压见表6-8。

表6-8 系统正常运行时风电场并网点工频电压

功率因数	风电场出力	潘荡变220kV母线电压/kV	风电场并网点电压/kV	线路感性无功补偿度/%
1	100%	229.6	223.9	100
		230.6	228.3	70
		231.3	231.2	50
		231.6	232.7	40
		233.0	238.8	0
	60%	231.8	230.5	100
		232.7	234.5	70
		233.3	237.3	50
		233.7	238.7	40
		235.0	244.4①	0
	30%	232.7	232.6	100
		233.6	236.5	70
		234.2	239.1	50
		234.5	240.5	40
		235.8	246.1①	0
0.98	100%	231.7	233.0	100
		232.6	237.2	70
		233.3	240.0	50
		233.6	241.5	40
		235.0	247.5①	0

续表

功率因数	风电场出力	潘荡变 220kV 母线电压 /kV	风电场并网点电压 /kV	线路感性无功补偿度 /%
0.98	60%	232.9	235.2	100
		233.8	239.2	70
		234.4	241.9	50
		234.7	243.3①	40
		236.0	249.0①	0
	30%	233.2	234.8	100
		234.1	238.7	70
		234.7	241.4	50
		235.0	242.7①	40
		236.3	248.3①	0
停发	0	233.1	232.6	100
		234.0	236.5	70
		234.6	239.1	50
		234.9	240.4	40
		236.1	246.0①	0

① 超过 242kV 的数值。

由表 6-8 的计算结果可知，要使正常运行时风电场并网点最高运行电压不超过 242kV 允许值，线路感性无功补偿度需达到 50%及以上。

6. 工频过电压计算

由于本风电场送出线路的电缆长度较长、充电功率较大，线路运行过程中可能会出现过电压。因此对送出线路工频过电压进行估算，如图 6-11 所示。

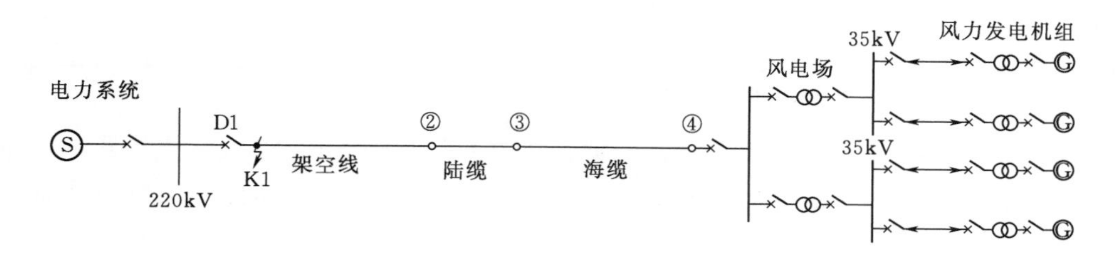

图 6-11 风电场送出线工频过电压计算示意图

（1）未加高抗的工频过电压。风力发电机组不同功率因数下没有加并联高压电抗器，节点①单相接地、三相断开时的非故障相工频过电压的计算结果见表 6-9，三相无故障断开时的工频过电压计算结果见表 6-10。

比较计算结果表明，节点①单相接地、三相断开方式引起的工频过电压较无故障三相断开方式严重；正常运行时达到1.404～1.514p.u.，220kV升压变压器“N－1”时达到2.035～2.153p.u.，超过我国相关标准规定的1.3p.u.，需采取限制过电压的措施，在送出线路上装设高压并联电抗器。

表6－9 节点①单相接地、三相断开时的非故障相工频过电压计算结果

功率因数	风电场运行方式	风电场出力/%	公共连接点工频过电压/p.u.
1.0	正常运行	100	1.404
		60	1.427
	风电场110kV主变压器“N－1”	100	2.035
		60	2.040
0.98	正常运行方式	100	1.514
		60	1.490
	风电场110kV主变压器“N－1”	100	2.153
		60	2.110

注：表中电压为相电压最大值的标幺值，基准值取252kV。

表6－10 节点①无故障三相断开时的工频过电压计算结果

功率因数	风电场运行方式	风电场出力/%	公共连接点工频过电压/p.u.
1.0	正常运行	100	1.096
		60	1.114
	风电场110kV主变压器“N—1”	100	1.243
		60	1.247
0.98	正常运行方式	100	1.184
		60	1.164
	风电场110kV主变压器“N－1”	100	1.318
		60	1.290

注：表中电压为相电压最大值的标幺值，基准值取252kV。

（2）装设高压电抗器的工频过电压。海上风电场并网线路上加装高压电抗器，可有效降低工频过电压。以下对加装高压电抗器后，受端PCC点并网线路侧发生单相接地、三相断开的工频过电压进行计算。

风电场送出线路风电场端（图6－11中节点④）加装高压电抗器后，工频过电压计算结果见表6－11；风电场送出线路海底电缆登陆点（图6－11中节点③）加装高压电抗器后，工频过电压计算结果见表6－12；风电场送出线路陆缆转架空点（图6－11中节点②）加装高压电抗器后，工频过电压计算结果见表6－13；风电场送出线路PCC点和风电场端（图6－11中节点①、④）分别加装高压电抗器后（各一半高压电抗器容量），工频过电压计算结果见表6－14。

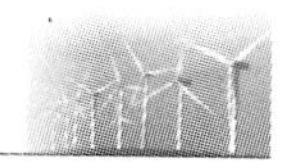

表 6－11 节点④装设高抗工频过电压计算结果

<table>
<tr><th>功率因数</th><th>风电场运行方式</th><th>风电场出力/%</th><th>节点①电压/p.u.</th><th>高压电抗器补偿容量/%</th></tr>
<tr><td rowspan="4">1.0</td><td rowspan="2">正常运行</td><td>100</td><td>1.197</td><td rowspan="2">40</td></tr>
<tr><td>60</td><td>1.219</td></tr>
<tr><td rowspan="2">风电场 110kV 主变压器“N－1”</td><td>100</td><td>1.202</td><td rowspan="2">70</td></tr>
<tr><td>60</td><td>1.202</td></tr>
<tr><td rowspan="4">0.98</td><td rowspan="2">正常运行</td><td>100</td><td>1.295</td><td rowspan="2">40</td></tr>
<tr><td>60</td><td>1.274</td></tr>
<tr><td rowspan="2">风电场 110kV 主变压器“N－1”</td><td>100</td><td>1.278</td><td rowspan="2">70</td></tr>
<tr><td>60</td><td>1.252</td></tr>
</table>

注：表中电压为相电压最大值的标幺值，基准值取 252kV。

表 6－12 节点③装设高抗工频过电压计算结果

<table>
<tr><th>功率因数</th><th>风电场运行方式</th><th>风电场出力/%</th><th>节点①电压/p.u.</th><th>高压电抗器补偿容量/%</th></tr>
<tr><td rowspan="4">1.0</td><td rowspan="2">正常运行</td><td>100</td><td>1.194</td><td rowspan="2">40</td></tr>
<tr><td>60</td><td>1.216</td></tr>
<tr><td rowspan="2">风电场 110kV 主变压器“N－1”</td><td>100</td><td>1.200</td><td rowspan="2">70</td></tr>
<tr><td>60</td><td>1.199</td></tr>
<tr><td rowspan="4">0.98</td><td rowspan="2">正常运行</td><td>100</td><td>1.293</td><td rowspan="2">40</td></tr>
<tr><td>60</td><td>1.271</td></tr>
<tr><td rowspan="2">风电场 110kV 主变压器“N－1”</td><td>100</td><td>1.275</td><td rowspan="2">70</td></tr>
<tr><td>60</td><td>1.250</td></tr>
</table>

注：表中电压为相电压最大值的标幺值，基准值取 252kV。

表 6－13 节点②装设高抗工频过电压计算结果

<table>
<tr><th>功率因数</th><th>风电场运行方式</th><th>风电场出力/%</th><th>观测点①电压/p.u.</th><th>高压电抗器补偿容量/%</th></tr>
<tr><td rowspan="4">1.0</td><td rowspan="2">正常运行</td><td>100</td><td>1.192</td><td rowspan="2">40</td></tr>
<tr><td>60</td><td>1.214</td></tr>
<tr><td rowspan="2">风电场 110kV 主变压器“N－1”</td><td>100</td><td>1.199</td><td rowspan="2">70</td></tr>
<tr><td>60</td><td>1.198</td></tr>
<tr><td rowspan="4">0.98</td><td rowspan="2">正常运行</td><td>100</td><td>1.291</td><td rowspan="2">40</td></tr>
<tr><td>60</td><td>1.270</td></tr>
<tr><td rowspan="2">风电场 110kV 主变压器“N－1”</td><td>100</td><td>1.273</td><td rowspan="2">70</td></tr>
<tr><td>60</td><td>1.248</td></tr>
</table>

注：表中电压为相电压最大值的标幺值，基准值取 252kV。

表6-14　节点④和节点①各装设一半容量的高压电抗器后的工频过电压计算结果

功率因数	风电场运行方式	风电场出力/%	节点①电压/p.u.	高压电抗器补偿容量/%
1.0	正常运行	100	1.196	40
		60	1.217	
	风电场110kV主变压器“N−1”	100	1.201	70
		60	1.201	
0.98	正常运行	100	1.293	40
		60	1.273	
	风电场110kV主变压器“N−1”	100	1.276	70
		60	1.251	

注：表中电压为相电压最大值的标幺值，基准值取252kV。

计算结果表明，并联装设高压电抗器对降低工频过电压效果明显，高压电抗器的装设地点对限制工频过电压影响差别不大，不管是装设在海上风电场出线端（海上升压站）还是在陆上集控中心，只要高压电抗器补偿容量达到70%，工频过电压都可以限制到规范允许的范围。

综合考虑220kV电压层的无功平衡和限制工频过电压的需要，在风电场送出线路上加装的220kV高压电抗器容量暂按70Mvar考虑。

7. 风电场动态无功补偿容量估算

风电场需通过风力发电机组功率因数的设置以及装设的35kV动态无功补偿装置来满足系统需要。具体如下：

（1）风力发电机组不具备功率因数动态连续调节能力。计算结果为，在风力发电机组不考虑功率因数动态连续调节能力、功率因数设定为0.98、且装设70Mvar高压电抗器的情况下，若要满足风电场送出线路PCC点功率因数在−0.98～0.98连续可调，需要动态无功补偿装置调节容量为−61.2～68.4Mvar；若要满足风电场送出线路PCC点功率因数在−0.99～0.99连续可调，需要动态无功补偿装置调节容量为−44～60.2Mvar。

（2）风力发电机组具备功率因数动态连续调节能力。计算结果为，在风力发电机组具备功率因数−0.95～0.95动态连续调节的能力情况下，风电场仍需装设一定容量的动态无功补偿装置。若要满足风电场送出线路PCC点功率因数在−0.98～0.98连续可调，需要动态无功补偿装置调节容量为−7～41.8Mvar；若要满足风电场送出线路PCC点功率因数在−0.99～0.99连续可调，需要动态无功补偿装置调节容量为0～40Mvar。

8. 电能质量评估

电能质量评估的结论有以下方面：

（1）电压波动。风电场接入电网将引起接入点及其附近区域电压波动的增加，采取有关措施后，符合相关国家标准的要求。

（2）闪变。风电场在连续运行和切换操作时产生的闪变值均小于GB 12326—2008《电能质量　电压波动和闪变》规定的闪变限值，风电场并网不会给电网带来闪变问题。

（3）谐波。风电场正常运行时，所产生的各次谐波电流、在PCC点产生的谐波电压

含有率及电网总谐波畸变率均小于国标限值，因此本工程风电并网对电网电能质量的影响很小，能够满足 GB/T 14549—1993《电能质量　公用电网谐波》要求。

6.3.6 风电场电气设计

1. 电气主接线

本海上风电场共安装 100 台 3.0MW 风力发电机组，通过机端升压变由 0.69kV 升压至 35kV，初步考虑选用 12 回 35kV 海底电缆集电线路组成多回路联合单元接入 220kV 海上升压站 35kV 母线。

按照接入系统方案，本海上风电场通过 1 回 220kV 线路接入系统。考虑到风电场 220kV 升压站需在海上构建平台，受电气布置及周边环境的限制和影响，海上升压站宜简单、可靠。工程海上中心升压站可采用 2 台 220kV/35kV 主变压器，220kV 侧电气主接线采用单母线接线方式、35kV 侧电气主接线采用单母线分段接线方式，如图 6-12 所示。

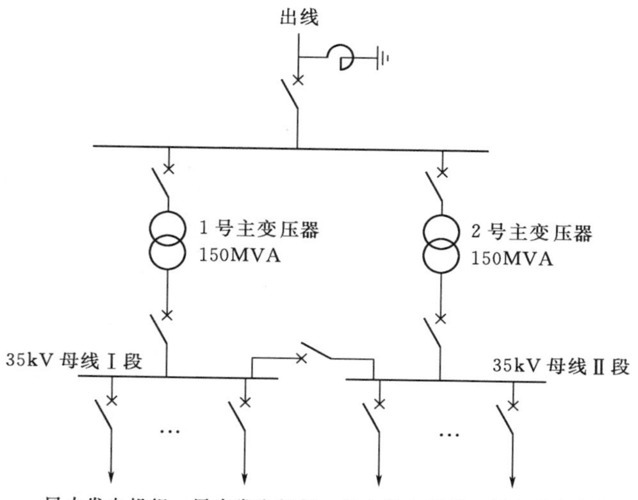

图 6-12　风电场电气主接线示意

2. 风力发电机组低电压穿越能力

风力发电机组低电压穿越能力应满足有关风电并网国家标准规范规定的要求，即风力发电机组应具有在并网点电压跌至 20%额定电压时，能够维持并网运行 625ms 的低电压穿越能力；风电场并网点电压在发生跌落后 2s 内能够恢复到额定电压的 90%时，风力发电机组应具有不脱网连续运行的能力。

3. 主变压器要求

本海上风电场海上升压站主变容量选择与出力匹配的 2×150MVA，或考虑一定的冗余，采用 2×180MVA。由于风力发电机组机端电压允许波动范围为额定电压的±10%，升压站主变调压方式应选用有载调压方式。

4. 有功功率

风电场有功功率最大变化率应满足有关风电并网国家标准规范规定的要求。

5. 无功功率

综合考虑 220kV 电压层的无功平衡和限制工频过电压的需要，建议在风电场送出线路上加装的 220kV 高压电抗器容量暂按 70Mvar 考虑。

风电场应集中装设一定容量的无功补偿装置，无功补偿装置应具有自动电压调节能力，实现对并网点电压控制。若风力发电机组不具备功率因数动态连续调节能力，动态无功补偿容量可按－60（容性）～60（感性）Mvar 考虑；若风力发电机组具备功率因数

0.95～－0.95 动态连续调节能力，动态无功补偿容量可按 0～40（感性）Mvar 考虑。

6. 短路电流水平

风电场 220kV 电气设备按照短路开断电流不小于 40kA 选择，35kV 电气设备按照短路开断电流不小于 31.5kA 选择。

参 考 文 献

[1] 王志新．海上风力发电技术［M］．北京：机械工业出版社，2013.

[2] 吴涛．风电并网及运行技术［M］．北京：中国电力出版社，2013.

[3] 朱永强，王伟胜．风电场电气工程［M］．北京：机械工业出版社，2012.

[4] lulian Munteanu，Antoneta luliana Bratcu，Nicolaos－Antonio Cutululis，etc. 风力发电系统优化控制［M］．李健林，周京华，译．北京：机械工业出版社，2010.

[5] 汪宁渤．大规模风电送出与消纳［M］．北京：中国电力出版社，2012.

[6] Mohd，Hasan Ali. 风电系统电能质量和稳定性对策［M］．刘长浥，苏媛媛，查浩，等，译．北京：机械工业出版社，2013.

[7] Olimpo Anaya－lara，Nick Jenkin，Janaka Ekanayake，etc. 风力发电的模拟与控制［M］．徐政，译．北京：机械工业出版社，2011.

[8] 朱莉，潘文霞，霍志红，等．风电场并网技术［M］．北京：中国电力出版社，2011.

[9] Bin Wu，Yong Lang，Navid Zargari，etc. 风力发电系统的功率变换与控制［M］．卫三民，周京华，王政，等，译．北京：机械工业出版社，2012.

[10] Thomas Ackermann，etc. 风力发电系统［M］．谢桦，王健强，姜久春，译．北京：中国水利水电出版社，2010.

[11] 袁铁江，晁勤，李建林．风电并网技术［M］．北京：机械工业出版社，2012.

[12] Vladislav Akhmatov. 风力发电用感应发电机［M］．北京：中国电力出版社，2009.

[13] Brendan Fox，etc. 风电并网：联网与系统运行［M］．刘长浥，冯双磊，译．北京：机械工业出版社，2011.

[14] Vijay K. Sood. 高压直流输电与柔性交流输电控制装置——静止换流器在电力系统中的应用［M］．徐政，译．北京：机械工业出版社，2006.

[15] 朱永强，迟永宁，李琰编．风电场无功补偿与电压控制［M］．北京：电子工业出版社，2012.

[16] 吴佳梁，李成锋．海上风力发电技术［M］．北京：化学工业出版社，2010.

[17] USA FERC. Interconnection for Wind Energy［S］．2005.

[18] USA FERC. Interconnection Requirements for a Wind Generating Plant［S］.

[19] Germany E. ON Netz GmbH：Grid Code－High and extra high voltage［S］．2006.

[20] China CEPRI. Technical Rule for Connecting Wind Farm to Power System［S］．2005.

[21] Spain REE P. O. 12. 3. Requisitos de respuesta frente a huecos de tension de las instalaciones eolicas［S］．2006.

[22] India ISTS. Indian Electricity Grid Code（IEGC）［S］．2006.

[23] India ISTS. Draft Report on Indian Wind Grid Code［S］．2009.

[24] France. Décret no 2008－386 du 23 avril 2008 relatif aux prescriptions techniques générales de conception et de fonctionnement pour le raccordement d'installations de production aux réseaux publics d'électricité［S］．2008.

[25] Italy. CEI 11－32；V1 Impianti di produzione eolica［S］．2006.

[26] Great Britain National Grid Electricity Transmission plc. The Grid Code［S］．2010.

[27] Denmark ELKRAFT SYSTEM and ELTRA. Wind Turbines Connected to Grids with Voltages above 100kV－Technical regulations for the properties and the regulation of wind turbines［S］．2004.

[28] Portugal REN. Portaria n. °596 [S]. 2010.

[29] Canada AESO Wind Power Facility - Technical Requirements [S]. 2004.

[30] Australia AEMC. National Electricity Rules (NER) [S]. 2010.

[31] Ireland EIRGRID WFPS1 - Controllable Wind Farm Power Station Grid Code Provisions [S]. 2009.

编 委 会 办 公 室

主　任　胡昌支　陈东明

副主任　王春学　李　莉

成　员　殷海军　丁　琪　高丽霄　王　梅
　　　　邹　昱　张秀娟　汤何美子　王　惠

本书编辑出版人员名单

封面设计　芦　博　李　菲

版式设计　吴翠翠

责任排版　吴建军　郭会东　孙　静　丁英玲　聂彦环

责任校对　张　莉　梁晓静　张伟娜　黄　梅　曹　敏
　　　　　吴翠翠　杨文佳

责任印制　刘志明　崔志强　帅　丹　孙长福　王　凌